新自然主義

地球2.0
淨零革命
氣候緊急時代的永續之路
綠色經濟・韌性調適

Earth 2.0 Net Zero Revolution
The sustainable pathways in the era of climate emergency:
Green economy・Resilient adaptation

葉欣誠——著

第 1 章
暖化加劇！地球生態系
陷入緊急狀態

1-1 地球，我們的家　36

●1-1-1 從宇宙看地球　37

偶然的 N 次方：地球生機

地球不是一天造成的

氣候變遷：地球面臨的根本威脅

　　　地球暖化 2.0 小百科

第 2 章
世界警鐘大響：
國際到在地的翻轉與雜訊

地球暖化 2.0 小百科

第 3 章
低碳轉型：
企業引領的氣候友善永續之路

地球暖化 2.0 小百科

第 4 章
人類積極求生：
具備風險管理思維的韌性調適

參考文獻

落實淨零碳排，形塑綠色未來

　　1992 年，《聯合國氣候變化綱要公約》的成立，開啟了全球合作應對氣候變遷的重要里程碑，隨著地球溫度持續逼近氣候臨界點，2050 淨零排放成為全球必須攜手完成的低碳轉型革命！世界各國制定相關的短中長期目標，各大品牌企業多以 2030 年至 2050 年間為淨零排放的目標時程，未來勢將要求相關供應鏈、生產製造過程和產品符合低碳規範標準。

　　我來自大溪農村，看見從小的青山綠水不復當年，非常痛心，所以如果環保沒做好，PCB（Printed circuit board，中文稱印刷電路板，堪稱電子產品之母）這個事業我寧可不做。2006 年臻鼎開始建設廠房時，我就決定建立新環保 PCB 標準示範生產基地，同時頒佈布「臻鼎七綠」政策，從綠色創新、採購、生產、運籌、服務、再生、生活七個構面，全面落實環保節約，備受國際一流客戶及地方政府認可，成為我們強大的競爭優勢。

　　公司持續在環保管理領先業界外，低碳淨零也是臻鼎落實可持續發展的重要一環，我們以節能、儲能、綠能三大策略來推進相關進程。不僅製造採用先進節能設備，並推動許多創新高效的節能技術；利用園區空間拓展儲能系統的應用；並也陸續在各園區布建清

潔能源系統，促進能源轉型，向實現碳中和目標有序穩健前進。善盡企業責任，與利害關係人共同實現永續價值以提升應對氣候變遷的韌性，打造永續競爭力。

誠如書中所言，「綠色經濟是利潤和社會貢獻可以同時達到的發展模式」。企業在全球淨零排放的道路上責無旁貸，臻鼎秉持「發展科技、造福人類；精進環保、讓地球更美好」的永續使命，在追求營收與獲利成長的同時，評估多元減排情境，並結合實現 100% 的再生能源，達成 2050 年淨零排放的永續承諾。透過淨零承諾的實踐，一步一腳印實現 EPS+ESG 的願景目標，同時也為我們的下一代創造可持續的美好未來。

葉欣誠教授一直以來在永續管理與環境教育的推動不遺餘力，欣聞第三本氣候變遷專書即將問世，我非常樂於支持本書出版，共同為臺灣的永續發展與環境教育貢獻一己之力。

沈慶芳（臻鼎科技集團董事長）

引領我們全面且深入地探索氣候變遷課題

　　葉欣誠老師是我非常敬重的環境教育學者，他不但在環境研究領域頗負聲望，更是臺灣環境保護、環境教育相關制度規劃上非常有影響力的實務家。

　　氣候變遷，是我們必須嚴肅面對的當代議題，在這個關鍵時刻，葉老師撰述了《地球 2.0 淨零革命》這本書，不但引領我們全面且深入地探索這個課題，還運用淺顯易懂的視覺化資訊圖表，即使不具備環境專業背景的讀者，都能快速理解在氣候變遷威脅下，人類該如何尋求調適與掌握解決路徑。

　　這本書中讓我們更清楚瞭解極端天氣引發風暴、洪水與森林大火等災害頻繁發生，進而影響生態系統和生物多樣性的事實；書中作者也引介國際氣候談判與碳中和概念，並且提醒我們氣候變遷影響的會是整個地球的所有住民，特別是島國、弱勢族群、原住民族、年輕世代的聲音都必須受到重視，這剛好也與我們林業及自然保育署近年致力推動森林生態系功能維護及永續森林多元惠益分享，特別關注山村部落居民等核心權益關係人，進而共同協力發展綠色森林產業的施政精神不謀而合。

葉老師這本書也探討企業在推動環境永續可扮演的角色，包括綠色金融、化石燃料的撤資浪潮、綠能投資以及氣候相關的創新商業模式等。而我們在兩年前，即已預見企業將會有此需求，因而邀請不同類型的企業座談，在歷經數次交流與對話後，推出「企業參與森林及自然碳匯 ESG 專案媒合平台臺」，導入公私協力的精神，鼓勵企業結合在地社區共同參與森林經營或自然資源復育等工作，為增益自然碳匯、促進生物多樣性，落實永續發展共同努力。

　　面對氣候變遷，我們必須採取行動，一起共同努力，實現地球 2.0 淨零革命的目標，為子孫後代創造一個更美好的未來。

林華慶（農業部林業及自然保育署署長）

照亮淨零革命前景

　　應國立臺灣師範大學永續管理及環境教育研究所葉欣誠教授邀請為其新書《地球 2.0 淨零革命》寫些推薦的話，因此有機會能夠在出版前得以詳細閱讀，頗有諸多感觸，以下分別從作者、本書結構及其影響性等三種不同面向說明本書特色：

　　葉欣誠教授由土木工程養成教育，經環境工程與水資源管理，奠定實事求是的務實態度。回國服務後，先後在不同學校環境教育研究所服務，吸納教育家循循善誘的關愛胸懷。此外，有將近 4 年時間到政府部門合作，強化永續發展的管理協調，這種種經歷的學習所得，都能淋漓盡致呈現在這本新書。

　　本書結構共分 4 章：第 1 章「暖化加劇！地球生態系陷入緊急狀態」、第 2 章「世界警鐘大響：國際到在地的翻轉與雜訊」、第 3 章「低碳轉型：企業引領的氣候友善永續之路」及第 4 章「人類積極求生：具備風險管理思維的韌性調適」。

　　就布局結構來看，從第 1 章的氣候失調原因說起，談到氣候變遷衝擊與人類曾經的努力，指出面對氣候變遷人類雖有努力，但決心不足仍有待努力。第 2 章則進一步探討人類，面對氣候變遷努力不足的省思，及氣候談判的現實，慢慢摸索出國際及臺灣可能的解決方向：淨零排放。

第 3 章與第 4 章則分別由減緩與調適兩大軸線，強調出落實氣候變遷解方的兩大重點。第 3 章點出低碳轉型透過需要引僅企業力量發展綠色經濟，結合風險揭露、科技創新、永續商業模式與全民參與實踐，方能踏上氣候友善永續之路。至於第 4 章，則終結出人類為求生存，應該從揭露風險到風險管理，同時要能尋求自保之道：調適，重新檢視自然、氣候與人的關聯，培力出社會氣候行動量能，讓社會得以韌性調適各項氣候挑戰。

　　本書從結構布局到文字淺顯易懂，既保有科學數據與論述，亦能有具體案例，讓讀者得以親近。因此，冀望發行後，能夠獲得學生及一般社會讀者青睞之外，更希望能提供企業人士做為邁向氣候緊急時代的永續之路一盞明燈，照亮淨零革命前景。

邱祈榮（國際氣候發展智庫學會理事長）

推薦序 / 許乃文

地球淨零永不嫌遲、更不嫌少

　　敝人任職於目前全球規模最大的再生能源基金管理公司，我們立誓只投資全球各地再生能源計畫，以永續綠色金融的力量來降低碳排。所以，當閱讀到《地球 2.0 淨零革命》第 3 章的「低碳轉型：企業引領的氣候友善永續之路」時，因親身經歷，而特別有感。

　　葉欣誠老師是我過去外交職涯上的啟蒙恩師。十多年前，在他擔任環保署副署長期間（2012 至 2014 年），我受僱於丹麥商務辦事處，主責再生能源與環境科技推廣。當時，我們共同落實了臺灣與丹麥在人本環境教育與水資源管理上的新契機，開創了台丹雙邊合作的高峰。

　　老師給予我的啟蒙，在於他以身教言教啟發我，當面對難解的問題時要先深刻分析，再用簡單易懂的語言來描述問題、尋求協助、呈現解方，而且過程中要堅持禮儀跟美學！這本書就是這樣！

　　了解氣候變遷永不嫌遲，能貢獻一己之力不論何種形式都不嫌少。當翻開本書書頁的此刻，你我就在同路上，讓我們一同在淨零的路上，相隨相伴。

許乃文（CIP 哥本哈根基礎建設基金臺灣區董事總經理）

推薦序 / 程淑芬
永續與環境教育先行者

　　這是一本很神奇的書，透過精簡易懂的說明讓讀者深入淺出了解自身與複雜的氣候變遷問題是如此息息相關，而書中闡述科學分析、國際趨勢、重要利害關係人行動、產官學共同使命的重要性，兼具視野與深度的知識，是一本值得閱讀 Call for Action 倡議行動書籍。

　　我很難想像葉欣誠教授用了多少的心力，感覺將他自己一生奉獻於環境教育的熱情都灌注在這本書中。真心期望政治人物與企業也都能細讀，加入永續行動，也期待這本書能也能出版多種語言在亞洲流通，影響更多人。

　　2016 年本人很榮幸代表國泰金控加入 Asia Investor Group on Climate Change（AIGCC)，國泰金控是 AIGCC 八家創始成員之一，與其他國際投資人決心擔任氣候行動推手。那時自己深刻感受到這股由投資人聯手的動力將具備強大威力，也大膽預測上市櫃企業很快就會被要求必須量化分析氣候變遷將如何影響自身營運與利害關係人，而公司又打算如何因應。

　　在 2017 年見識到國外二位機構投資人對澳洲 BCA 銀行提出氣候訴訟，澳洲法院接受審理之後，認為臺灣應及早為這趨勢做準

備，因此在國泰金控責任投資小組成立二周年後，集團投融資決策流程也將氣候變遷風險納入評估，自己則積極與產官學交流，並透過撰文、採訪、政策參與、國內外論壇演講等大力推動責任投資與氣候行動，並提出 ESG 與氣候變遷是國安問題、"No ESG, No Money"、"No ESG, No Business" 等論述。

隨著 Climate Action 100+ 及 CDP Non-disclosure Campaign 等個別企業議合成功督促企業承諾淨零排放或碳中和，投資人信心大增，於 2018 年我們進一步督促投資標企業應採納 TCFD 氣候治理框架，而 TCFD 治理框架也成為後來 TNFD 框架參考，推動的效率也提升了。參與這些意義重大的國際投資人行動還有一個更重要意義，是能擔任轉譯者，將國際趨勢帶回來在地化，也將表現優異與進步神速的臺灣企業介紹給國際。

葉教授是我最初請益環境相關議題資深專家之一，我們都有環境教育熱忱與行動力，學者專家與企業實踐者互相學習很珍貴，我們總是希望一起為臺灣能力建置貢獻微薄心力。從一開始建立集團內部共識、對標國際典範作為、每年加深做大、於國際倡議與議合擔任領導角色，並致力發展可負擔 ESG 評估工具供投資人與企業使用、與產官學一起發展永續與氣候政策，9 年下來很欣慰氣候變遷與低碳轉型已經是臺灣企業 ESG 資訊揭露標配，而國泰金控也已持續往更具前瞻性議題探索，加入水資源、自然與生物多樣性及影響力投資青年培力。

這幾年我深感各式 ESG 與低碳轉型資訊已變混亂，很需要一本真正對企業有用的知識行動科普書籍。有別於企業個案類書籍，這本書包含多面向精華：國際最新進展、氣候科學分析、公私部門淨零轉型進展、臺灣能源轉型議題與金融業暨產業行動，在書本篇幅限制中亦能呈現極佳深度與視野，相信讀者能如獲至寶，老師這本書將造福很多人，他們將跟我一樣受感動而前進。

程淑芬（國泰金控投資長、亞洲投資人氣候變遷聯盟主席）

推薦序 / 黃正忠

一次系統性掌握淨零革命的全貌

　　5 年以內，全球暖化溫度將有高達六成五的機率會觸及逃命線的
1.5°C；15 年以內，將會觸及活命線的 1.5°C。淨零已經是別無選
擇的底線了，可是政治人物無感、商人無感、投資人無感、消費者
無感。

　　1990 年以來，無感下的世界讓淨零難行 60 年，只剩「革命」一
條路，政策、科技、投融資、產業與消費，不革不能活命。

　　欣誠對推動永續、氣候行動及環境教育向來不遺餘力，在此氣候
緊急之際，再次撰寫本書讓讀者一次系統性掌握淨零革命的全貌，
足以作為各界修煉氣候行動的基本功。

黃正忠（KPMG 安侯永續董事總經理）

推薦序 / 彭啟明

綠色轉型中充滿新機會

　　常有企業領袖和我交流時，從務實的角度來看，他們認為 2050
年達到淨零碳排似乎是一項艱巨的任務。要實現此目標，多數企業
必須從頭調整他們的營運模式，且需要投資大量的成本。現有的
減碳工具明顯不足，且與國際間的對接困難重重，總是令人頭痛。
而我們只能期望未來有所創新。政府的宣示口號與行動間的差距，
常常是言多於實，這對於一直受到氣候變遷威脅的我們來說是不利
的，不僅對企業形成了壓力，也可能增加大眾的生活成本。

　　因此，許多人的觀念僅停留在準備面對極端天氣，對於各種氣候
因應或淨零規定，只做表面功夫，這種心態導致了他們失去了在綠
色轉型中的新契機。

　　氣候的「綠色轉型」與當前盛行的「數位轉型」有很多相似之處，
尤其在人力、組織、策略和資源的投入上。隨著 AI 技術的進步，
數位轉型已有顯著進展，各國政府和企業都非常重視資料治理，從
資料收集、物聯網、資料分析到運用到 AI 協助企業運作，都對企
業的競爭力有顯著的提升。

　　相比之下，氣候議題比數位領域更為複雜。科學證據持續在更
新，雖然氣候科學方法在進展，但仍缺少具體的氣候工具和減碳成

本效益分析。由於各方對氣候的認知和理解存在差異，全球資源投入的透明度和碳減少的效益無法直接關聯，這容易造成資源的浪費和華而不實的情況。目前，全球也積極希望綠色和數位兩個轉型能夠相互學習與融合，但似乎綠色轉型的複雜程度遠較數位來得多。

　　很感謝葉欣誠教授，並誠心推薦這本《地球 2.0 淨零革命》。他以自己在產、官、學界的豐富經歷和深厚的科學背景，將這些複雜的議題詳細而又簡潔地呈現出來。這本書對於想要深入瞭解氣候議題的讀者，無論是企業領袖還是有意進行綠色轉型的朋友，都是非常有價值的參考。只有在建立了共同的認知和瞭解之後，我們才能在轉型的過程中找到共同的語言，並在綠色轉型中發掘新的機會。

彭啟明

彭啟明（天氣風險公司總經理、臺灣氣候聯盟秘書長）

成為綠色永續的領導先鋒

　　親愛的讀者與全球關心環境的朋友們，望平非常榮幸受邀為葉欣誠教授所著的《地球 2.0 淨零革命》一書寫推薦序。葉教授不僅是一位優秀的學者，還曾擔任行政院環境保護署副署長，深刻瞭解環境政策和實踐的重要性。在此書中，他透過自身豐富的經驗和深入研究，呼籲我們正視氣候變遷和環境破壞對地球所帶來的威脅。我驚嘆於他真知灼見的洞察力，愛護地球的熱情也激勵著大家，每一個人都有責任採取永續行動。

　　書中清晰的語言和引人入勝的敘事風格，將複雜的科學概念和環境政策變得易於理解。不僅細緻分析了氣候變遷引發的極端天氣事件，包括熱浪、乾旱、火災、洪水和風暴，也說明這些事件對我們的生活和生態系統帶來什麼樣的影響。這些影響不僅限於一地一國，而是全球性的，迫使我們必須共同行動，找到解決之道。

　　此外，書中還闡述了能源問題對臺灣的影響，以及臺灣在實現淨零排放和氣候正義方面所採取的關鍵戰略。他呼籲企業和個人加入綠色永續的轉型浪潮，並說明資訊揭露的重要性，才能更敏捷地應對氣候變化帶來的風險和機會。

我曾預測，GDP 時代已經過去了，GEP 才是國家企業未來的永續競爭力。GEP 是生態系統生產總值 Gross Ecosystem Product 的縮寫，是人類福祉和經濟社會可持續發展最終產品與服務價值的總和，可以彌補 GDP 無法反應自然資源消耗與生態環境破壞的成本。

地球正在沸騰，因此聯合國 UNGA78 紐約氣候週正式宣告 TNFD（自然相關財務揭露）框架，讓企業從原本 TCFD（氣候相關財務揭露）延伸關注自然發展危機，並審慎評估生產過程對自然生態的影響，成為企業因應營運衝擊大自然的財務資訊揭露標準。企業唯有將永續納入經營標準，才能在此綠色浪潮之下具備不可或缺的競爭力，造就企業第二成長曲線。

《地球 2.0 淨零革命》一書不斷提醒我們，每一位個體都有責任採取行動，確保地球的永續發展。我強烈推薦這本書給所有關心地球未來的人，願我們能夠成為綠色永續的領導先鋒，為地球美好的自然生態，貢獻一己之力。

Together Greener！

葛望平（歐萊德國際創辦人暨董事長）

齊心採取氣候行動與淨零轉型

　　氣候變遷是當前各界最關注的議題。2023 年 7 月 3 日是人類有紀錄以來最熱的一天，2023 年也可能會是有紀錄以來最熱的一年。全球絕大多數國家以「2050 淨零排放」作為對抗氣候變遷的具體目標，我國在去年公布「臺灣 2050 淨零排放路徑及策略總說明」，並提出 12 項關鍵戰略；今年 2 月 15 日總統公布「氣候變遷因應法」，更將 2050 淨零排放目標入法，並且明文規定，為達此目標，需要各級政府與國民、事業、團體共同推動溫室氣體減量、發展負排放技術及促進國際合作來達成。

　　在此之際，社會各界對於氣候變遷知識與資訊需求大增，為何要淨零？與企業 ESG 有什麼關係？如何低碳轉型？氣候變遷調適重要嗎？從哪裡可以完整了解這些課題？

　　葉欣誠教授長年致力於環境教育，永續發展與氣候行動，他以深入淺出，有系統，完整撰寫《地球 2.0 淨零革命》一書，值得給推薦大家。認識氣候變遷，進而採取氣候行動與淨零轉型，期許我們共同努力，留給下一代更永續的環境！

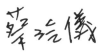

蔡玲儀 （環境部氣候變遷署署長）

作者序

在變與不變之間

　　在本世紀初，約莫二十幾年前，我參加若干國際學術會議時，觀察到愈來愈多國際智庫與學者探討氣候變遷，且相當一致地使用「嚴重警告」設定報告內容。同時間，這當年的國際新興議題在臺灣的討論聲量偏低，「節能減碳」是大家耳熟能詳的慣用語，但和以聯合國主導的全球氣候變遷論述在廣度與深度上仍有一段差距。

　　2006 年開始的那幾年，隨著京都議定書的生效、IPCC 獲得諾貝爾和平獎、「不願面對的真相」的上映，全球對氣候變遷的關注達到高峰。同時間，我國政府、學術界、民間團體對此也有較為深入的探討。2007 年，我在國立高雄師範大學任教期間，撰寫了第一本氣候變遷題材的科普書籍《地球暖化怎麼辦？》，獲得了廣大迴響。2010 年，出版《抗暖化關鍵報告》一書，設定一般社會大眾為讀者，提出更多的科學事實、趨勢報導與政策呼籲。

　　過去這十幾年以來，氣候變遷在世界舞台上仍然持續吸引目光。2009 年哥本哈根會議的失敗一度讓眾人十分氣餒，但巴黎協定終於在 2015 年通過，銜接京都議定書的全球規範功能。我在幾次以政府身份參與氣候會議的過程中，深刻體會到，縱使以科學角度看待氣候變遷，無疑是人類的極大威脅，然而國際政治經濟博弈主導且扭曲了人們的價值與作為。在臺灣，歷經了 10 年的波折之後，

2015 年 6 月，「溫室氣體減量及管理法」終於通過，給予因應氣候變遷的減量行動明確的法源依據。2023 年 1 月，該法修正升級為「氣候變遷因應法」。

然而，人類大量燃燒化石燃料等活動，使得溫室氣體在大氣中累積，造成氣候變遷。這是明確的科學事實，且狀況持續惡化。在國際社會還在為該如何因應氣候變遷爭論不休的同時，大氣中的二氧化碳濃度與全球溫度遵循自然定律持續上升。到了 2019 年，各國相繼宣告「氣候緊急狀態」，認為我們即將越過紅線，進入熱區。2021 年，隨著美國新任總統拜登帶領的政策轉變，世界各國積極響應更為決斷的因應策略，「2050 淨零排放」這巴黎協定的「願景」迅速轉變為政策目標。

不僅政府需因應氣候變遷，企業也不再是旁觀者。各類積極限制碳排放的自願性倡議與強制性規範，結合企業永續 ESG 的揭露架構等，在幾年之內蓬勃發展，也讓企業明確地理解，因應氣候變遷已經不是提升企業形象的選項了，而是關係企業生存發展的必要措施。許多國際品牌商與價值鏈也陸續宣告極具企圖心的目標與快速行動，在 2030 年之前就要達到碳中和或淨零排放，牽動全球供應鏈的佈局與應對行動。同時，聯合國已經不再以簡單的環境保護視角看待氣候變遷，而是將之定位為一關係人類發展的綜合議題。2021 年發行的 AR6 中，開始使用「共享社會經濟路徑」（SSP）作為情境的名稱，象徵明確的典範轉移。企業在過去是氣候變遷的問題製造者，以後必須成為解方的提供者與行動者。

幾年前我開始構思這本書時，升溫幅度不超過 2°C 仍為全球目標。同時，各種智庫的報告顯示二十到三十年之後，超過這門檻的機會超過一半。地球生態系正在邁入一個對人類而言充滿挑戰的階段，屆時一切都得重新設定。於是，我使用「地球 2.0」作為這本書的主調。一方面說明我們需努力控制升溫不超過 2.0°C 這門檻大限，另一方面也提醒，我們需面對另一個很不熟悉的地球生態系與人類社會的運作模式。

現在，這全球升溫門檻已經設定為更嚴格的 1.5°C，代表我們需要採取斷然的深度減碳作為，也就是 2050 年前達到淨零排放的「終極目標」。「淨零」並非在現有的科技與政策下強化力道就可達到的境界，需要的是「革命」式的翻轉—全球各國通力合作、企業與社會徹底轉型、人們根本轉換思維。當然，這一點都不簡單。

本書第 1 章提供關於氣候變遷的基礎科學背景，也對於相關的整體國際發展簡要回顧；第 2 章強調人類的作為與想法在因應氣候變遷的歷程中扮演的複雜角色；第 3 章是本書的重點，說明企業轉型的必要性與因應未來的思維模式與實務作為；第 4 章則以氣候變遷調適為主題，探討在「地球 2.0」下我們的挑戰與機會。

在 3 年多的撰寫歷程中，不變的是氣候變遷持續惡化的趨勢，持續改變的則是全球的應變論述與策略。2021 到 2022 年之間，許多原來已經完成的內容因為政策的快速改變而需重寫，以確保本書的內容可以讓讀者瞭解未來的趨勢變化。我要特別感謝臻鼎科技集團沈慶芳董事長和幸福綠光出版社對於永續理念的行動支持，與眾多研究生在過程中協助蒐集與整理資料的努力。

就算在最後定稿的階段，關於極端天氣的災難新聞仍持續出現，民間組織的抗議、聯合國的呼籲、各國與企業界的行動，在氣候會議前夕推陳出新。這本書的內容，可作為我們邁向「地球 2.0」過程中的歷史紀錄，也期待藉由更多人對於氣候變遷的關切與積極行動，讓我們有機會走上永續與韌性的路徑。

2023 年 10 月 7 日

葉欣誠（國立臺灣師範大學永續管理與環境教育研究所教授）

第 1 章

暖化加劇！
地球生態系陷入緊急狀態

氣候變遷已成為人類邁向永續發展的最重大威脅之一，

而且眾多國家與科學家認為，

地球生態系已經從一般門診進入加護病房了。

全球因應氣候緊急狀態訂出 2050 淨零排放目標，

希望控制全球升溫不超過 1.5°C，但整體情況不容樂觀；

若這門檻未能守住，下一個「終極門檻」就是升溫 2°C。

這一切關係著是否我們會進入「地球 2.0」！

機會之窗正在快速關閉中。

自工業革命發生後，人類大量燃燒化石燃料，排放溫室氣體到大氣中。當時的人們，還不知道歷史的發展將在 100 多年之後造成人類需要共同面對的氣候災難。1988 年聯合國 IPCC（Intergovernmental Panel on Climate Change, IPCC；中譯為氣候變遷跨國小組）成立，蒐集與發行科學報告，呼籲各國必須降低碳排放，並且持續警告人們，如果不積極減碳，幾十年之內將面臨嚴重後果。

可惜的是，科學家的勸告終究無法撼動化石燃料驅動的全球經濟體制。各種調整與因應措施緩慢且缺乏決心，而當初警告將發生的事情陸續發生，且比預期得來得更快。世界各國陸續宣布地球氣候進入「緊急狀態」。

基於地表長期穩定的氣候發展而形成的地球生態系，在超乎想像的氣候變遷下面臨崩解的壓力。這一切是怎麼發生的？自救還來得及嗎？現在應該做些什麼？讓我們透過不同角度，探索大自然的奧妙與無情，還有人類社會的複雜與機會。

1-1 地球，我們的家

在浩瀚的宇宙中，地球僅是眾多星系中的一顆行星，卻因巧妙難書的因緣巧合，擁有蓬勃生命與無盡美好。現代科學推估宇宙至少有 150 億年的歷史，而地球約誕生於 46 億年前。然而，人類能夠直接測量的冰層證據，最遠僅能到 65 萬年前。人類幾千年有限的歷史記載，搭配科學推論，建構了我們對於這顆藍色星球的認知與想像。

圖 1-1-1 從太空中看到的地球宛如一顆美麗的藍色彈珠（典匠資訊提供）

為何在所有我們可知的星球中，人類僅存在地球？地球穩定的氣候就是關鍵因素。寒冷如火星、沸騰如金星，或沒有大氣的月球自然不是我們可以居住的地方。然而，數千年以來穩定的氣候造就了現代文明，這文明的生活方式衍生的資源耗竭與氣候變遷，正在消蝕我們的生存點數。從太空中可以看到的這顆「藍色彈珠」正在變色、變質，一旦逾越臨界點，我們就會看到與經歷一個完全不一樣的「地球 2.0」。

1-1-1 從宇宙看地球

對於出生在地球上的我們來說，「地球」與「世界」就是同義詞。除了少數的太空人或現在開始出現的極少數民間太空旅行者，絕大部分的人類終其一生，就是生活在地球表面，偶爾搭飛機到 10 公里左右的高空，或深入地平線下方幾公里的地底或幾百公尺深的海中。對我們而言平凡無奇、理所當然的藍天、綠地、白雲、森林、河流，和變化萬千、時而狂暴的天氣，事實上一點都不平凡。

偶然的 N 次方：地球生機

　　以地球身處的太陽系為例，地球是「第三行星」，與恆星「太陽」相距一個天文單位，相當於約 1 億 5 千萬公里，而太陽的表面溫度大約為攝氏 5,500 度。將這些條件搭配起來，並且假設地球在太空中是一顆穩定熱平衡的星球，接收的太陽熱輻射等於對外太空放射的熱輻射，可以計算得知地球表面的理論溫度為攝氏 -19 度。然而，由於地球大氣層含有水蒸氣、二氧化碳、甲烷等各種「溫室氣體」，吸收由地表向外太空發射的熱輻射中的部分能量，加熱大氣層，讓地表均溫得以維持在攝氏 15 至 16 度。隨著地球的公轉、自轉與各種複雜條件的綜合作用，晝夜溫度有所變化，而不同區域也有其特定氣候，形成一種動態的平衡。大量的水，在地球上同時以液態、固態、氣態存在，因其相對較大的比熱與蒸發熱、融化熱，讓水成為絕佳的熱儲存庫，也使得地表溫度相對穩定。

　　由於各種物質配比、與太陽的距離、太陽的溫度等條件的組合，終究讓地球成為一顆藍色星球，且有條件孕育生命，形成複雜的生態系。這是「多重偶然」（偶然的 N 次方），讓地球不僅在太陽系中獨樹一格，在浩瀚的宇宙中也天下無雙。

　　目前已知僅在銀河系便有數千億顆恆星，搭配的行星遠超過這個數字。人們多年來在數千顆太陽的系外行星中尋找可能具有生命的星球，也都僅於「理論潛在宜居行星」[1]。雖然關於外星生命的傳言流傳甚廣，但至今沒有任何公開的證據顯示，除了地球以外哪一個星球上存在著生命，或有生命的遺跡。地球穩定的氣候為生命的存在與發展提供了基本要件，這要件一旦受到破壞，現在地球上有著的一切，也將隨著消失。

地球不是一天造成的

　　地球於大約 46 億年前誕生時，表面是熔融狀態，大氣層中也充滿了二氧化碳與各種對我們而言的毒氣。歷經 5 億年的變化與冷卻後，41 億年前，大海與陸地逐步成形，相對較為平靜的晨昏終於出現在地球上。再過了一段時間，最早的 RNA 生命型式於 40 億年前出現，但整個地球的生機仍處於醞釀階段。

　　33 億年前，地球生命與生態發展的關鍵角色：藍綠藻終於出現，光合作用開始替地球大氣層注入氧氣，緩慢累積了超過 20 億年，需要依賴氧氣維生的多細胞生物才在 10 億年出現。此時在地質年代上還屬於「元古宙」（Proterozoic），地球表面僅有海浪、火山爆發、天氣變化、地層變動等物理現象與聲響，並無生命的訊息。

　　直到 5 億多年前的寒武紀（Cambrian Period），生命才開始大量出現，稱之為「寒武紀大爆發」。許多現在的動物與植物都在那個階段出現，然而後續發生的多次生物大滅絕，讓許多物種不復存在。這中間出現了無數次生命的演進以及環境氣候的變化，這個世界才以現在這個形貌出現。

　　最具有代表性的 5 次生物大滅絕，發生時間從 4 億 4 千萬年前的奧陶紀末到最後一次 6 千 5 百萬年前的白堊紀，75% 的物種因一顆 10 公里大的隕石擊中猶加敦半島衍生的全球環境浩劫而滅絕，恐龍也從地球正式退場。

　　這 5 次大滅絕的前 3 次推測均肇因於氣候型態的改變，第 4 次與第 5 次則為外來天體撞擊地球衍生的氣候型態的劇變。氣候對於地球生態系的穩定發展而言，是絕對關鍵的因素。近年來，諸多科學家紛紛透過對於物種、氣候、環境等背景的研究，判斷地球已經進入第 6 次生物大滅絕的初期階段。

2019 年 2 月澳洲政府宣布，一種生活於大堡礁（Great Barrier Reef）托列斯海峽（Torres Strait）東部小島上的珊瑚裸尾鼠正式因氣候變遷而絕種[2]。2020 年墨西哥與美國學者在研究中提出，未來 20 年之內有 500 種生物可能在陸域生態系消失，消失速度之快可謂第六次生物大滅絕[3]。該研究認為，人口成長與消費習慣的改變、生態破壞與森林濫伐、環境污染等都將增加人為溫室氣體的排放，強化氣候變遷的衝擊。

 圖 1-1-2　被澳洲政府宣告因氣候變遷而滅絕的珊瑚裸尾鼠
資料來源：https://www.natgeomedia.com/environment/article/content-857.html

氣候變遷：地球面臨的根本威脅

若回顧過去 1 千年，曼恩（Mann）等學者蒐集諸多可以考證的溫度紀錄，計算得到西元 1000 年到 2000 年的地表平均溫度，並且名之為「曲棍球圖」（Hockey Stick Graph）[4]（如圖 1-1-3），而該圖被收錄在 2001 年 IPCC 出版的第三次氣候評估報告 AR3 中[5]。該圖明確顯示，自從 18 世紀工業革命以來，人類開始大量使用化石燃料，驅動蒸氣機、內燃機引擎，再開發了電力等次級能源系統。隨著科技進步、交通發達、飲食複雜、生活奢華，人類社會運作產生的溫室氣體排放越來越多。全球均溫也伴隨著在 1850~1860 年之後逐步升高。相對於 1961~1990 年的平均溫度而言，地表均溫於 18 世紀末葉開始急速上升，並且在 1 百多年之內上升超過攝氏 1 度。圖 1-1-4 為在美國航空太空總署（NASA）網站上運用資料庫匯出自 1880 年至今的真實全球均溫的紀錄曲線。

在過去氣候變遷並未發生的年代，氣候本身即有變異（variation）的特質，每年之間或不同年代皆有不同的特徵。譬如，工業革命之

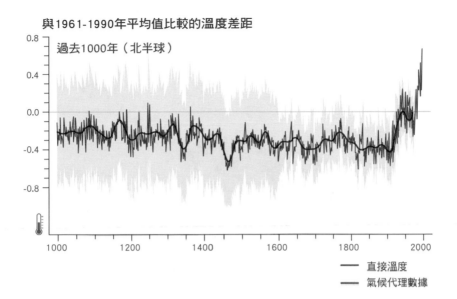

與1961-1990年平均值比較的溫度差距

過去1000年（北半球）

—— 直接溫度
—— 氣候代理數據

圖 1-1-3　西元 1000 ～ 2000 年的地表均溫的變化
資料來源：[4], [5]

前的 4、5 百年之間，全球經歷了普遍性的低溫，氣候學家稱之為
「小冰期」（little ice age）。過去這 1 百多年的氣候變遷則有別
於前述的氣候變異，其特徵為各種天氣事件的統計樣態（pattern）
根本性的改變。相信在過去數十年，大家都已經看過很多這方面的
報導，譬如美國 NASA 於 2021 年 1 月份公布，2016 年與 2020 年
並列為人類有完整氣象紀錄以來的最熱年 [6]；全球暖化使南極海溫
上升，讓帝王蟹大量侵入南極海域的生態系，造成毀滅性的傷害 [7]；
2021 年各地野火的規模與尺度創下紀錄，科學家認為與氣候變遷
直接相關 [8]。

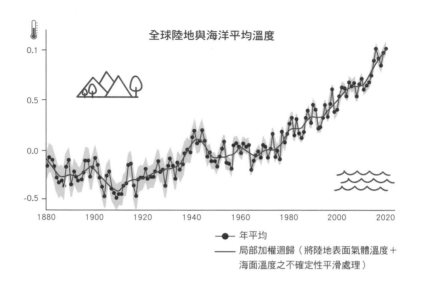

圖 1-1-4 　美國航空太空總署（NASA）資料庫生成的全球自 1880 年至
　　　　　今的地表大氣均溫變化曲線

資料來源：https://data.giss.nasa.gov/gistemp/graphs_v4/#

　　2019 年是氣候變遷的關鍵年！2019 年 5 月，英國議會通過決議，
宣告氣候變遷為緊急狀態（climate emergency），當年 11 月，歐
盟亦通過相同的決議。2019 年 9 月，聯合國發行首部「團結在科
學下」（United in Science）報告書，告訴大家關鍵訊息 [9]，也呼
應各界對於氣候緊急狀態的宣告，同時使用永續發展目標（SDGs）
與氣候變遷各面向對應，提醒大家氣候變遷不僅是單純的環境威
脅，更是全方位的永續發展議題。2019 年底，一共來自 153 個國家、
超過 11,000 名科學家和研究人員共同簽署了一份氣候緊急宣言，
呼籲各界迅速採取氣候行動，包括徹底改變能源使用方式、減少食
物與資源浪費、調整消費習慣、保育自然生態等 [10]。

「團結在科學下」報告書每隔一年持續發行至今，在疫情發生之後的 2020 年版明確說明，2020 年疫情引發的封城等措施並未降低大氣中的二氧化碳濃度，且 2015 ～ 2019 年又成為有紀錄以來最熱的 5 年 [11]。在第六次評估報告 AR6 發行後，2022 年的報告書繼續宣布氣候變遷的緊急訊息，包括 [12]：

1. 2015 ～ 2021 年是有紀錄以來最熱的 7 年；

2. 2022 年上半年的碳排放已經超過疫情前 2019 年的同期；

3. 若要達到升溫幅度不超過 1.5°C，需要 7 倍的努力；

4. 氣候臨界點已經快到了。

世界經濟論壇已經發行了年度的全球風險報告 10 餘年，在報告中每年都會列出發生機率最高的風險排行。近幾年來，「極端天氣」與「氣候行動的失敗」持續列為排行榜的第 1 名與第 2 名，就算在疫情肆虐之下仍不例外。種種跡象顯示，氣候變遷與引發的各種風險不僅不可忽視，且成為威脅人類生存與地球生態系的關鍵因素 [13],[14]。2022 年的全球風險報告更宣示全球風險的首位就是氣候變遷，且其他環境風險亦將成為所有風險中的前五名 [15]；2023 年的報告更再次敘明氣候行動的失敗為未來的關鍵風險 [16]。

傳統上，氣候變遷即具有全面性、不可逆性、不確定性等性質。近年的論述又為氣候變遷加上了「緊急性」與「根本性」二項關鍵性質。前者由眾多國家與科學家所主張，認為以「變遷」形容氣候的狀態已經不足以反映真實情況，氣候變遷已從一般門診進入加護病房。「根本性」則代表氣候變遷已成為人類邁向永續發展的最重大威脅之一。

目前，全球因應氣候緊急狀態訂出的 2050 淨零排放目標，乃希望控制全球升溫不超過 1.5°C，但整體情況不容樂觀。若這門檻未

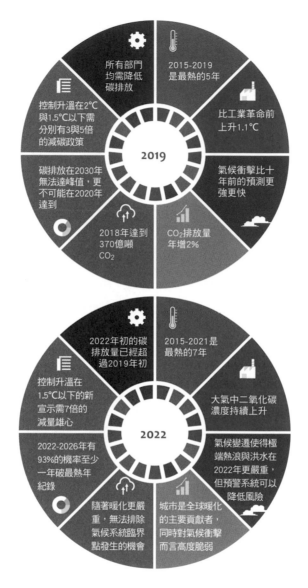

圖 1-1-5　「團結在科學下」2019 年與 2022 年版列出的幾項重大氣候
　　　　　變遷相關趨勢

資料來源：[9]、[12]

能守住，下一個「終極門檻」就是升溫 2°C。關係著是否我們會進入「地球 2.0」。

機會之窗正在快速關閉中。

🌏 地球暖化 2.0 小百科

現在是地球表面經歷過的最熱年代？

地球誕生至今 46 億年，隨著不同年代的各種因素變化和天文週期的影響，溫度持續震盪變化。現在所謂氣候變遷的時間尺度，即為圖 1-1-3 這「曲棍球圖」右端的擊球處，1 百多年之間溫度明顯上升的這一段。

若將地球存在的這 46 億年當作一天（24 小時，1,440 分鐘，86,400 秒），直到晚間 11 點 59 分 57 秒人類才出現在地球上。那麼，過去的漫長歲月地球表面的溫度究為如何呢？根據現在挖出的古生物化石重建的恐龍時代的地表，恐龍稱霸地球的三疊紀、侏羅紀與白堊紀時期，地表溫度高，提供了豐富的植物與動物相，支撐了恐龍這樣的大型動物的食物來源。

美國著名的科學作家米尚·史考特（Michon Scott）於 2014 年在美國大氣與海洋總署（NOAA）的網頁上發表的一篇研究論文 [1]，後於 2020 年增加資料後修訂，名為「地球曾經有多熱？」（What's the hottest Earth's ever been?）[2]。文中說明在地球初始的冥古宙（Hadean）時期，地表平均溫度高達華氏 95 度（大約攝氏 35 度），歷經多次的震盪與起伏變化。該文也引用了最新的研究，描繪出大約 5 億年前開始的顯生宙（Phanerozoic Eon）至今大致的全球溫度變化曲線（圖 1-1-a）。可以看到大部分時間地表是沒有極地冰帽的（當地表均溫大於約攝氏 19.5 度時）。現在地球的均溫大約為攝氏 15 到 16 度之間，若以地球生命歷程角度看待，屬於「較冷」階段！

6,500 年前滅絕恐龍的隕石墜落事件發生後，地球的溫度亦經歷了多次重大變化，其中最受科學界矚目的是發生在大約 5,500 萬

年前的「古新世-始新世最暖期」（Paleocene–Eocene Thermal Maximum, PETM）。地球在短短數10年間溫度上升了攝氏5~8度。現在大部分面積被冰層覆蓋的格陵蘭（Greenland），當時真的是綠色（green）的陸地（land），色彩繽紛的鳥類飛越生態豐富的熱帶雨林，海中各種熱帶魚類競相爭豔，即為典型的熱帶島嶼風情。

我們現在說的「氣候變遷」，在1百多年間全球地表均溫突然上升了超過攝氏1度。就算放在圖1-1-a這5億年的歷史脈絡中，也是一個明顯的突起！

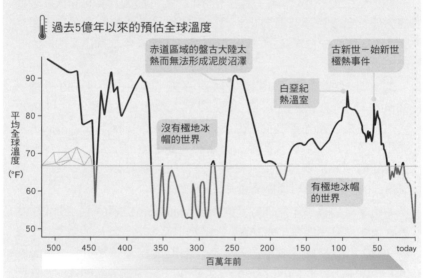

圖 1-1-a 地球誕生至今的地表均溫變化歷程
資料來源：[2]

1-1-2 極端天氣更極端

　　乾旱、熱浪、暴雨、洪水、颱風……過去幾年來，這些被總稱為「極端天氣」（extreme weather）的事件報導比比皆是。媒體拉近了我們與遙遠災難的時空距離，可快速複製的內容也讓我們被同質化的資訊充滿。然而，極端天氣的數量和嚴重性確實在增加嗎？

　　聯合國減災署（United Nations Office for Disaster Risk Reduction, UNDRR）發布的一份名為《2000 到 2019 年人類為災害付出的代價》（The Human Cost of Disasters 2000 ～ 2019）報告指出，2000 年至 2019 年，全球共發生 7,348 起重大自然災害，造成 123 萬人死亡，經濟損失 2.97 兆美元，較 1980 年至 1999 年之間增加許多 [1]。對這些災害事件的歸因顯示，83% 的自然災害很大程度上可歸因於氣候變遷。根據全球最大的保險公司怡安（Aon）的統計，2021 年全球天氣、災難相關經濟損失為 3,430 億美元，比 2020 年巨災經濟損失高出 15%，是史上第三高的年份 [2]。

　　隨後，根據德國保險巨頭慕尼黑再保險（Munich Re）於 2022 年提出的報告中指出，2021 年全球自然災害造成的損失高達 2,800 億歐元，隨著氣候變遷，這樣的趨勢將持續上升 [3]。2022 年單單侵襲美國及古巴的四級颶風伊恩（Ian）所導致的財物損失就高達 1,000 億美元 [4]。而同時間，發生在巴基斯坦的世紀洪水，造成超過 1,700 人死亡，3,300 萬人受災 [5]，聯合國秘書長古特拉斯（Antonio Guterres）在視察受影響區域時甚至表示 " I have seen many humanitarian disasters in the world, but I have never seen climate carnage on this scale." ，以「氣候大屠殺」說明了氣候災難的可怕 [6]。

圖 1-1-6　1980-1999 年與 2000-2019 年自然災害事件數量按類型統計
資料來源：[1]

為了瞭解災害的發生與氣候變遷之間的關係，科學家使用氣候模型進行歸因。運用大量的觀測資料與模擬，比較人類和自然因素和單純自然因素建立的氣候模型和實際觀測狀況的差異，例如自然氣候變異（natural climate variability）和天氣模式（weather pattern）屬於自然因素，溫室氣體排放、氣膠（aerosols）濃度則類屬於人為的氣候變遷因素，以此來追溯符合實際情況的最佳模型）[7]。全世界有數百項同儕審查（peer-reviewed）的研究追溯了世界各地的極端天氣，從瑞典的熱浪和南非的乾旱到孟加拉的洪水和加勒比地區的颶風的成因。越來越多的證據顯示：人類活動正在增加某些類型極端天氣的風險 [8]。

類似研究的最基本原理是：依據熱力學定律，逐年上升的大氣溫室氣體濃度增加了大氣的總熱量，引發地球系統熱平衡的重新設定。這導致了全球氣溫整體上升，也影響大氣與海洋的熱量輸送與局部氣候。同時，大氣圈與水圈產生更多蒸發作用，引發更強烈的空氣對流、更極端的熱浪與熱帶風暴。

從熱浪到超級熱浪

暖化使熱浪更有可能發生，在襲擊時也更加強烈。超過百篇研究發現，92% 的熱浪在氣候變遷的影響下變得更有可能發生或更糟 [8]。乾燥的土壤吸收熱量的能力降低，更多的熱量被輻射回大氣中。受熱的氣團膨脹在高空形成一個高壓圓頂。高壓將熱空氣向下推，熱量便會聚集在地表。圖 1-1-7 反映了這個「熱蓋」（heat dome）現象，即為熱浪形成的核心，在暖化效應的疊加下，部分地區甚至可能會引發「超級熱浪」（mega-heatwave）[9] 事件。

典型例子是 2013 年襲捲歐洲的熱浪，地處夏季炎熱乾燥的地中海氣候區域的國家受到了嚴重的侵襲，而到了 2019 年，「世界天

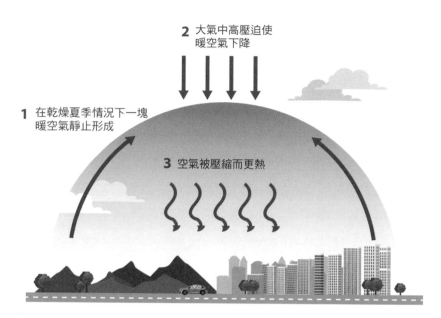

2 大氣中高壓迫使
暖空氣下降

1 在乾燥夏季情況下一塊
暖空氣靜止形成

3 空氣被壓縮而更熱

圖 1-1-7　熱蓋的形成過程

資料來源：https://www.bbc.com/news/science-environment-58073295

氣歸因」（World Weather Attribution）組織的一項分析稱，氣候變遷使歐洲出現熱浪的機率增加了 100 倍 [10]。而 2022 年，發生在歐洲的熱浪與極端高溫造成至少 15,000 人死亡 [11]，更嚴重破壞了歐洲農業及水力發電系統 [12]，其發電廠的冷卻系統因熱浪而無法正常運作，因而降低了歐洲的水力發電量。

水力發電量不足與酷熱的天氣使得用電量急速飆升，這對歐洲供電系統造成了極大的負擔。多個歐洲國家更延遲關閉燃煤發電廠之計畫，甚至計畫重啟已關閉的燃煤發電廠 [13]。這些狀況直接及間接地印證了歐洲極端熱浪出現頻率增加的事實。

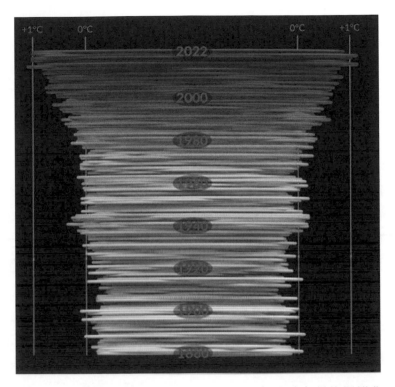

圖 1-1-8　美國 NASA 展示的 1880-2022 年全球各月均溫變化
　　　　 的氣候螺旋的橫切面

資料來源：[17]，另行截圖。

破紀錄在過去這幾年已成常態，根據歐洲氣象監測與研究機構
哥白尼的資料，2023 年 7 月 3 日、4 日、6 日這三天都破了「人類
有氣象紀錄以來全球均溫最高的一天」的紀錄[14]，讓聯合國秘書
長古特拉斯提出「氣候變遷已經失控」[15]、「我們進入全球沸騰
（global boiling）的年代」等讓人印象深刻的感嘆[16]。2023 年 7
月也證實為有史以來最熱的 7 月，打破 2019 年 7 月的紀錄[14]。

美國航空與太空總署（NASA）在其全球氣候變遷的網站上以「氣候螺旋」（Climate Spiral）為名，展示了從 1880 年到 2022 年每月地表均溫的變化，以三維方式呈現，讓讀者更容易瞭解其變化的趨勢與強度。圖 1-1-8 為這螺旋的橫切面 [17]。

導致更多的乾旱來襲

　　乾旱和高溫如影隨行。在空氣本就乾燥的地區，水蒸氣凝結成雲的可能性降低，從而導致降雨量減少，並增加乾旱的可能性或嚴重性。溫度升高造成的土壤乾燥，進一步加劇了降雨量減少的影響，導致乾旱的時間更長、程度更深。審視數十篇關注乾旱事件趨勢的歸因研究發現，六成以上的研究發現乾旱由於氣候變遷變得更加嚴重 [8]。

　　乾旱的顯著後果是阻斷水資源與糧食的供應。2018 年，南非的開普敦發生了嚴重乾旱，大規模的乾旱導致該城市實施了嚴格的用水限制，政府在幾天內就關閉了供水，那一天被稱為「臨界日」（Day Zero）[18]，意為「無水可用的一天」。2022 年，根據歐盟全球環境與安全監測計劃（EU's Environmental Programme Copernicus）的監測，2022 年的夏天所發生的乾旱可能是歐洲大陸 500 年來所經歷的最嚴重乾旱 [19]。

四處蔓延的森林火災，發生頻率激增

　　火災形成的三大要素為可燃物、助燃物與火源，是消防隊員滅火時常談論到的火三角（Fire Triangle）[20]。森林火災的發生可能是自然因素，如雷擊與太陽熱能導致 [21]；也可能是人為因素，如蓄意縱火、丟棄未熄滅的菸頭或不正確地焚燒垃圾等 [22]。

近年來，隨著氣候變遷所導致的全球暖化使夏季氣溫持續創紀錄，異常高溫、乾旱及森林植物的水分流失等因素都增加了森林火災發生的機率。自 1984 年以來，全球各地森林火災發生的頻率已經較過去增加了一倍 [23]，森林火災相較過去規模更大、範圍更廣和更難以撲滅 [24]。2019 年及 2020 年發生在澳洲的森林大火，肆虐期間長達 7 個月，燒毀 21% 的森林面積 [25]，超過 10 億隻森林動物受到影響 [26]。而自 1970 年代以來，美國西部的大型森林火災頻率增加了 5 倍，燒毀的土地面積是原來的 6 倍，持續時間幾乎是過去的 5 倍 [8]。2020 年 6 月發生在北極圈內的西伯利亞小鎮測得有史以來當地最高溫的攝氏 38 度，這波熱浪引起了西伯利亞最嚴重的森林浩劫，焚燒面積高達 2,000 萬公頃，更使得北極圈內永凍土解凍，嚴重影響了脆弱的北極圈生態 [27]。

2022 年，「全球森林觀察」（Global Forest Watch）的研究指出，現今幾乎每場野火摧毀的全球樹木面積，是 20 年前的 2 倍，相當於每分鐘焚毀相當於 16 座足球場的面積 [28]。聯合國於同年發布的報告中更指出未來人類將與森林野火共存，未來的 10 年內，全球大型的森林火災的數量將急遽增加 [29]，發生地點更可能蔓延到北極乾燥的泥炭地及亞馬遜熱帶雨林區域 [30] 等過去難以將其與森林火災連結的地區。

更猛烈的暴雨與千年一遇的洪災

乾旱和暴雨看似兩個極端，但本質上都是降水過程異常的結果。IPCC 的一項評估報告顯示，每暖化 1°C，極端風暴的水蒸氣含量就會增加 7 % 左右（如圖 1-1-9）[31]。溫暖的大氣可以容納更多的水分，因此使風暴更加強烈迅猛，而過量的水蒸氣意味著當空氣最終冷卻到足以形成雲層時，傾盆大雨更有可能變得更大，導致更極端的降雨、風暴和洪水。

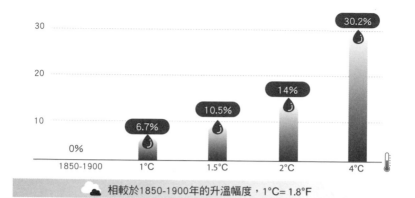

圖 1-1-9 暖化與風暴水蒸氣含量的關係
資料來源：[31]，改編自 IPCC，AR6

　　2021 年發生在歐洲的洪水對比利時、德國、奧地利、荷蘭、盧森堡和瑞士等多個歐洲國家造成重大影響[32]，除了造成上百人死亡及數百人失蹤外，各國大面積停電更破壞了受災區域的基礎設施及農業相關設施[33]。同年，日本靜岡縣的觀光地區熱海[34]、南亞的印度與孟買受到連續豪雨影響，發生大規模的土石流，更導致了許多房屋崩塌[35]。東非的烏干達、索馬利亞等地發生的暴雨，引發了破壞性的洪患更造成山區多地土石流，造成近 300 人死亡，更有數以百萬的民眾流離失所、無家可歸[36]。此外，美國東岸受到熱帶風暴「艾莎」（Elsa）侵襲，從佛羅里達一路北上，為行經路上的各州帶來巨量的降水，讓擁有百年歷史的紐約地鐵泡入水中[37]。中國河南省在七月下旬，則遭遇了千年一遇的大洪水[38]。

　　時至 2022 年，位於南亞的巴基斯坦多處遭遇季風強降雨並導致全國四分之三的地區引發洪災，巴基斯坦三分之一國土被洪水淹沒，造成超過千人喪生，萬人受傷，而受災人口超過 3 千萬人，更

圖 1-1-10　巴基斯坦超級大洪水場景（典匠資訊提供）

造成巴基斯坦全國 5,563 公里公路、243 座橋梁損毀，超過 146 萬座房屋倒塌或部分毀壞 [39]。

更具毀滅力的強烈風暴

　　氣溫上升導致強烈風暴，也就是颶風、颱風及熱帶氣旋的強度及影響都隨之增強，使得強烈風暴變得更加強烈，產生更多強降雨並引發更高的風暴潮，並增加了此類事件造成重大破壞的風險。一項發表在《自然通訊》期刊上的研究指出，在過去 30 年中，迅速增強為強大颶風的熱帶風暴的比例增加了兩倍 [40]。

　　2021 年，颶風艾達（Ida）侵襲美國紐約市，造成市區地鐵與街道淹水、交通中斷、電力設施受損以及房屋受損等災情，40 多人

喪生及至少 500 億美元的經濟損失 [41]。紐約地區早期興建時依賴紐約下水道設計保護標準，每小時能承受 44.5 毫米雨量 [42]，但在這次破紀錄的降雨無法發揮排水功能。無獨有偶，太平洋西岸受到颱風烟花二次登陸的影響，為浙江杭州灣到上海沿海一帶帶來破紀錄的狂風暴雨。根據慕尼黑再保險 2022 年的報告指出，僅只美國伊恩颶風與澳洲洪患所造成的損失，2022 年就成為有紀錄以來自然災害損失最慘重年之一 [43]。

2023 年 8 月初，杜蘇芮颱風掠過臺灣旁邊之後，竟然進入中國大陸後一路往北，經過北京、天津、河北（京津冀）區域，甚至到達了黑龍江省，造成京津冀地區極為嚴重的洪水，堪稱是千年一次的災情，連北京故宮也淹水 [44]。幾天之後，另一個卡努颱風的外圍環流再度影響高緯度的黑龍江 [45]，引起各方高度關注。

以上的場景持續發生，且科學推論未來將更加惡化。無論國家的大小、緯度、開發程度，也無論位於城市或鄉村、大陸或島嶼，氣候變遷對我們的威脅越來越嚴重，經濟發展、社會穩定、環境品質也將越來越不穩定。

🌏 **地球暖化 2.0 小百科**

「氣候」與「天氣」，在不同情境下使用正確的詞彙

在臺灣，不少我們每天閱讀的消息來源常常將「極端氣候」與「極端天氣」混用，但實際上「極端氣候」的說法有時是在中文語意上出現的一種模糊的說法。為了避免概念迷思，需要澄清「天氣」和「氣候」的差別。簡單來說，天氣（weather）是一個地區的特定時間段內的大氣現象，例如晴天、下雨、多雲等。「極端天氣」（extreme weather）則是一個地區的總體天氣事件分布中位於兩端的機率小於 5% 的事件，例如極熱、極冷、反常降雨等。圖 1-1-b 中的鐘型曲線

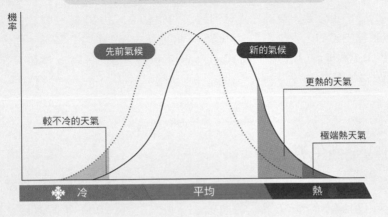

圖 1-1-b　極端天氣在天氣事件中的分布位置
資料來源：https://www.epa.gov/，BBC 改編 [1]

中紅色和藍色的兩端就是指某個天氣系統中的極端高溫和極端低溫的情況。

氣候指的是一個地區很長一段時間內（例如 30 年）以及特定區域內趨向穩定的天氣狀況。它包括了天氣的變化和極端情況，例如亞熱帶季風氣候。我們可以將其視作整個概率分布的範圍。

全球暖化將氣候推向了一種新常態，儘管總體的分布模式沒有太大變化，但分布中心向右側（高溫）偏移，這也是為什麼近年來各地頻繁出現破紀錄高溫的原因。這種新的氣候模式被稱為「氣候極端」（climate extreme）。語意較為完整的中文語彙為「氣候極端化」。

若我們要說明氣候變遷帶來的超大暴雨、嚴重旱災、破紀錄熱浪或嚴寒，使用「極端天氣」或「極端天氣事件」是正確的說法，聯合國與各學術機構的英文資料基本上也都使用 extreme weather（event），鮮少看到 extreme climate 這樣的用法。

美國國家海洋暨大氣總署（National Oceanic and Atmospheric Administration, NOAA）使用氣候極端指數（Climate extreme index, CEI）通過合併與溫度，乾旱，降雨和熱帶氣旋活動等六項指標評估氣候反常的程度 [2]。科學家確定美國本土高於或低於正常氣候條件的百分比，以計算極端情況。他們發現，2020 年是有記錄以來最高的 CEI，百分比為 44.63%。最低為 1962 年的 7.52%，而儘管 CEI 數據可以追溯到 1910 年，但前 6 個百分比中有 5 個發生在過去 10 年！

1-1-3 全面生態危機

當我們以太空人的視角俯瞰我們的家園，沒有人不會被森林誘人的綠色和海洋的廣闊深藍色所吸引，正如這張 2000 年美國國家航空與太空總署（NASA）發布的高清地球圖像所展示的一樣，地球在漆黑而孤獨的宇宙背景中閃耀著生機。

圖 1-1-11　2000 年 NASA 發布的地球全景圖
資料來源：https://visibleearth.nasa.gov/images/54388/earth-the-blue-marble

地球的海洋與陸地的配置，搭配其內在的物理化學作用，是個極其巧妙的設計，提供生物絕佳的生存環境。例如，海水從大氣中吸收了多餘的熱量，可調節全球溫度。自 1970 年以來，海洋吸收了全球暖化產生的 90% 以上的額外熱量 [1]。若缺少了海洋的調節，陸地生態早已被熱摧毀。海水升溫讓溶氧量降低，且我們目前每小時向海洋排放足足 100 萬噸的二氧化碳 [2]，導致海水變酸，進一步影響海洋生態系統的平衡。在陸地上，樹木正在不遺餘力地透過光合作用，將人類排放的二氧化碳轉化為自身的質量。2017 年發表在《自然》（Nature）雜誌上的一項研究顯示，植物的光合作用比過去增加近 30%[3]。

然而，海洋與陸地的緩衝能力有其極限，氣候變遷的物理與生態後果已經可以明顯觀察到，例如季節開始時間點和長度、溫度和濕度、冰川和森林的規模的變化。衍生的生態衝擊包括物種分布和數目的變化，以及生態系統的分布、組成和功能。以氣候變遷的角度而言，脆弱的生態系統包括水生淡水棲息地和濕地、紅樹林、珊瑚礁、北極和高山生態系統以及雲霧森林等 [4]。

現在，讓我們從海洋和陸地的尺度來看生命正在發生什麼樣的變化。

海洋生態衝擊大，更多物種窒息而死

海洋對大氣溫度升高的反應是相對遲緩的，但嚴重的熱浪已經襲捲海洋。在熱帶和亞熱帶地區極端的溫度殺死了大片海洋生物，並摧毀了為許多其他物種提供住所和食物的關鍵物種，例如海草、海藻和珊瑚。2019 年 IPCC 發布的《氣候變遷下的海洋與冰凍圈特別報告》（Special Report on the Ocean and Cryosphere in a Changing Climate）預言海洋熱浪的頻率、持續時間、空間範圍和強度將進一步增加 [5]。

珊瑚礁對海水的溫度非常敏感，只要海洋熱浪持續數週，反覆的熱應力作用（heat stress）會讓珊瑚蟲排出共生的藻類，造成白化的現象。珊瑚礁生態系是地球上最重要和最多樣化的生態系統之一，支持多達 100 萬個其他物種的生存和繁衍，並為近 10 億人提供了食物、風暴屏障和生計 [6]。目前暖化已經導致全球近一半的珊瑚白化，我們正見證這神奇與宏偉的生態系的死亡。

以化學作用角度而言，更多二氧化碳溶解在海水中造成的酸度增加則影響了貝類的外殼或一些生物的外骨骼發育。另一方面，海水溫度上升還有其他的物理效應，例如暖化增加了海洋

● 優養：這些區域行光合
作用的藻類大量增生，
細菌分解死亡的藻類的
過程消耗大量氧氣，致
使水中缺氧。

● 缺氧：氧氣耗竭的區域

● 恢復中的區域

窒息點
海洋中不正常的溶氧耗竭在過去40年增加許多，全球約400個死區

資料來源：World Resources Institute

圖 1-1-12　全球大約 400 個海洋死區的分布

資料來源：https://www.wri.org/data/world-hypoxic-and-eutrophic-coastal-areas

的分層（stratification），削弱了水中的翻轉環流（overturning circulation），較少的氧氣有機會從大氣輸送至海洋深處。若來自陸地的過量營養物質排放到沿海水域，造成有害的藻華（水質優養化）現象進一步消耗氧氣，則更可能讓海洋生物缺氧窒息。

美國史密森尼環境研究中心（Smithsonian Environmental Research Center）的一項研究指出，在過去的 70 年裡，低氧海洋區的面積增加了超過 450 萬平方公里，相當於整個歐盟的面積，而沿海地區海洋「死區」（dead zones）（含氧量極低的區域）的數量增加了 10 倍 [7]。圖 1-1-12 是這些地區的全球分布。

陸地生物緊急狀態，物種面臨變異與滅絕危機

陸地生物數百萬年來已經依照當地的特定氣候型態而演化出適合生存的功能與習慣，但若當地的氣候發生了系統性的改變，陸地上

的生物恐怕來不及透過演化適應新的氣候型態。例如,植物因降雨不足而死亡,或動物因熱應力作用失去覓食能力而導致滅絕等等。季節變化反常造成諸如暖冬、寒春等,讓動植物生命週期混亂。譬如,授粉昆蟲在開花之前就從冬眠中醒來,鳥類的遷徙與其獵物的豐富度高峰不同步,導致繁殖不良,甚至死亡 [8]。

此外,隨著極端天氣的強度和頻率增加,野生動植物正遭受乾旱、野火和洪水等事件的威脅。有時單一事件就可產生毀滅性的後果,譬如 2020 年初的澳大利亞叢林大火摧毀了許多物種的棲息地,包括至少 50 種珍稀動植物的棲息面積的八成。據估計,還有超過 10 億隻動物被殺害,甚至有可能導致無尾熊在當地滅絕 [9]。

物種面對氣候變遷的短期最佳選擇就是遷徙,尋找適合其生活的新區域。相對於植物而言,動物的遷徙比較容易,但即使在比植物或昆蟲移動性強得多的陸地哺乳動物中,據估計也有 30% 的物種無法跟上氣候變遷的步伐 [10]。移居並非一件單純的事情,包括食物來源與棲息地組成的各種生態條件的搭配,都相當複雜。周遭的環境條件也不見得一定比目前的棲息地更好。

在比較溫暖的環境中,動物附屬器官的相對尺寸更大,這就是主張身體溫度調節(thermo-regulation)作用的艾倫定律(Allen's law)。而在較冷的環境中,根據伯格曼法則(Bergmann's Rule),動物體型往往更大,因為它們透過降低它們的表面積與體積比以減少熱量損失 [11]。在某些種類的澳大利亞鸚鵡中,自 1871 年以來,喙的大小增加了 4% 到 10%。在北美黑眼金雀科中也發現了相同的模式。此外,在哺乳動物中也看到了類似的趨勢,老鼠、鼩鼱和蝙蝠的種類進化出了更大的耳朵、尾巴、腿和翅膀 [12]。雖然我們暫時無法知道這些變化對生態系長遠的衝擊,但這就說明了:「生命會找到自己的出路」。

北極熊是氣候變遷的概念物種之一，主要以海豹為食，且通常會站在漂浮的海冰上尋找海豹。海冰隨著暖化而融化，他們必須游泳或行走很遠的距離，才能找到海冰。若干北極熊甚至不得不向南旅行，到人類的住所找食物[13]。2020 年的一個研究顯示，若氣候變遷持續，19 個亞種的北極熊很可能在本世紀末因獵食困難而滅絕[14]。為了適應新變局，也有一些體型較小的北極熊發展出新的模式，運用冰川前沿進入海中的冰塊作為獵食基地[15]。且隨著氣候變遷加劇，棕熊越來越頻繁地往北移動，與向南旅行的北極熊相遇，在俄羅斯部分地區已能看見越來越多兩者雜交所生出的「灰北極熊」，也意味著未來純種北極熊將可能消失[13]。

更大的視角：生物多樣性的多重效益

不僅所有人類擁有生存權，自然萬物也都擁有與我們人類一樣的生存權，而且大自然還以多種方式支持地球上的人類生活。事實上，生態系統是全球經濟和人類福祉（well-being）的重要支柱，我們不僅攝入來自動植物的營養以維持生命和健康，也從在地到全球尺度的動植物群落獲取各種有價值的服務。

在我們難以察覺的角落，昆蟲為我們的農作物授粉，而一系列動物會吃掉那些會破壞我們賴以生存的農作物的害蟲。動物、微生物和真菌分解和回收死去的生物，豐富我們的土壤並回收養分。強大的野生植物群落可以預防洪水、穩定土壤並提供清潔的水和空氣。沿海鹽沼和紅樹林為我們提供緩衝，抵禦風暴潮和來自海洋的洪水，緩解氣候變遷帶來的衝擊……。表 1-1-1 列出 OECD 在 2019 年出版的文件中部分生態系服務（ecosystem services）的金錢價值，可以顯現出這些「無價」的服務的價值的確非常可觀。

表 1-1-1　若干生物多樣性與生態系服務的金錢價值

規模	服務類別	估計的每年價值
全球	海草養分循環	1.9 兆美金
	昆蟲授粉作物	5770 億美金
	漁業和水產養殖的首次銷售	3620 億美金
	珊瑚礁旅遊	360 億美金
法國	森林生態系的旅遊效益	85 億歐元

資料來源：[17]

　　氣候變遷與生物多樣性的關聯密切，「基於自然的解方」或稱「自然解方」（Nature-based Solutions, NbS）在近年成為聯合國積極倡議的因應氣候變遷的關鍵策略。2019 年 3 月，聯合國啟動了「生態系統恢復十年」（UN Decade on Ecosystem Restoration）。同年 9 月，基於自然的氣候解決方案宣言（Nature-Based Solutions for Climate Manifesto）公諸於世，讓各界更加關注相關議題。

　　在目前邁向 2050 淨零排放的全球趨勢中，世界經濟論壇提出「自然行動議程」（Nature Action Agenda），透過以下四種作為，希望企業界促進氣候與自然的雙贏：建構知識基礎、營造領導案例、推廣與擴大影響、支持能夠確保「昆明—蒙特婁全球生物多樣性框架」（Kunming-Montreal Global Biodiversity Framework）目標的環境 [18]。

1-1-4 永續發展？氣候變遷帶來全面衝擊

我們常可看到很多對於氣候變遷的報導使用這樣的鋪陳：

「氣候變遷帶來暴雨、枯旱、洪水、海平面上升，北極熊將絕種，地球將不再適合人類居住……」、「2080 年，海平面上升將造成臺北市 10% 的面積被淹沒，相當於 N 個大安森林公園……」等等，在影片或報導中使用「天啟示」的語言、文字與畫面，希望喚起大眾對於氣候變遷的理解，並且採取行動。

🌐 **地球暖化 2.0 小百科**

地球超載日

今天，幾乎已經沒有人類無法抵達的角落。地球上 75% 的土地已經工業和農業嚴重改變，87% 的海洋被人類影響和開發 [1]。根據統計，人類每年從生態系統中提取 600 億噸可再生和不可再生資源。自然資源的自我修復和可再生能力誠然值得驚嘆，但人類對其的消耗已經遠遠突破其再生的限度，生態負債是用於衡量兩者在多大程度上失衡的指標。

全球足跡網路（Global Footprint Network）於 2012 年發起了地球超載日的測算，用於評估每年地球進入生態負債的日期，也就是當年度在哪一天消耗完了地球一整年可以再生的資源 [2]。根據推測，地球首次出現生態負債的年代為 20 世紀 70 年代，隨後平均以每 10 年 1 個月的速度提前。2010 年以來，生態負債日提前至 8 月初，近幾年提前至 7 月底。2020 年是一個特例：新冠疫情讓封城限制出行的人類放慢了消耗資源的腳步。進入 21 世紀的第 3 個 10 年，2022 年的地球超載日又回到了疫情之前的水平，變成了 7 月 28 日。整體而言，地球生態系已經長期處於超載狀態，而且沒有改善的跡象。

氣候變遷是環境問題？

　　的確，使用「恐怖訴求」在傳播上會有短期效果，因此「衝擊」面常常成為氣候變遷的報導、教材等文本的重點，而最有畫面的衝擊就是與災害有關的環境衝擊。此外，人們對於天氣的感覺、長期氣候改變的感受、植物相（flora）的改變、與相關災害的體驗最直接，因此，氣候變遷往往被歸類為「環境問題」。

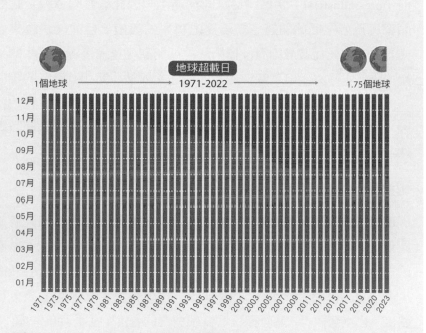

圖 1-1-c　　1970 年至今的地球超載日
資料來源：[2]

氣候變遷與諸多其他的環境問題一樣，實肇因於人們的經濟活動，且受到社會因素的影響。在關於氣候變遷的分析中，我們常看到「工業革命之後碳排放大幅度增加」，大氣升溫也與「工業革命之前」的溫度比較。工業革命是典型經濟型態的革命，影響了後續的社會發展與全球近代史。經濟與社會面向的各種因素，乃考慮與討論氣候變遷的成因、現象與因應策略時，不可忽略的關鍵點。

以「狂風暴雨、冰山融解、山崩海嘯、森林大火……」等末世場景為開場白，再很快跳到「我們要節能減碳」做為結論，恐怕是我們需要反思的陳述方式。畢竟，在尚未發生氣候變遷前的工業革命前（pre-industrial）時代，災難同樣發生，因此氣候變遷與災難的頻率與尺度之間的關連，需要提出科學的論證（目前已經越來越充足）；氣候變遷成因與後續衝擊之間的關係錯綜複雜，基本的系統思維若未建立，無法解決關鍵的問題；何種「節能減碳」的策略才能真正達到減碳的目標，往往比我們直觀的想像更複雜。化約歸因、跳躍思考、狹窄視角這些邏輯上的謬誤經常發生，我們應該設法避免。

相連互動：氣候是生活型態的基礎

IPCC 在 2001 年發行的 AR3 中，即以一張簡圖說明了氣候變遷與環境、社會、經濟的架構性關聯（如圖 1-1-13）。若我們從該圖的右下角出發，任何社會有其現在的發展路徑，搭配不同的減緩（mitigation）作為，決定了碳排放，也影響了大氣中的溫室氣體濃度（往左箭頭），進而影響了氣候變遷的程度（往上黃色箭頭）；而不同程度的調適（adaptation）作為，則對人類和自然系統造成不同程度的衝擊（往右箭頭），進一步也會影響社會經濟發展路徑（往下箭頭）。此外，社經發展路徑本身也會對人類與自然環境造成衝擊（譬如各類環境污染或資源耗竭）（往上藍色箭頭）[1]。

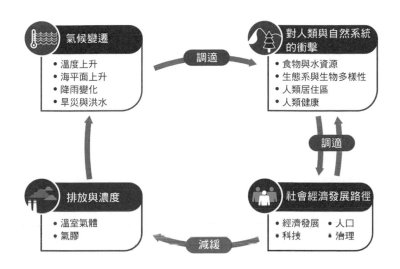

圖 1-1-13　社會經濟發展路徑、碳排放、氣候變遷、對人類與自然環
境的衝擊等互動關係

資料來源：[1] IPCC, AR3 (2001)

　　事實上，我們可以根據我們自己的生活經驗，試想氣候變遷這件
事情與不同領域的相關性。一個簡單而關鍵的概念是：圍繞我們生
活的一切，都立基於目前的氣候平衡狀態。一旦氣候改變，我們的
食衣住行育樂、工作、學習，甚至法律政治社會運作機制，都會有
根本性的不同。試想，光是臺灣一個小島，臺北位於亞熱帶，是盆
地地形，夏季不易散熱，冬季有東北季風；高雄位於熱帶，地形開
闊，夏季高溫不超過臺北，冬季低溫不低於臺北，兩地的生活形態
已經不太一樣。歐洲北美地區很多地方居民長期以來不需要使用冷
氣，而臺灣大部分的房屋並沒有暖氣，也是因為長期氣候使然。經
濟活動、社會型態，也因此而不同。

圖 1-1-14 是一個簡要的系統動力圖，表達經濟活動、氣候變遷、環境災害、社會穩定、經濟轉型等變數之間的關係，箭頭旁邊的正負號代表前變數對於後變數的影響是正向或負向的。譬如，經濟活動越強，大氣溫室氣體濃度越高，然而經濟活動越強，可以刺激科技進步，進一步強化經濟轉型程度，便有可能降低大氣溫室氣體濃度。氣候變遷會造成環境災害更嚴重，且降低天氣穩定度，進一步降低社會穩定度，直接或間接減少經濟活動。當然，我們可以增加其他的變數，或建立子系統（譬如北冰洋海冰溶解與氣候變遷之間的正回饋），讓系統思維更細緻與全面。

　　現在我們面臨的局面正是因為氣候變遷造成了環境、經濟、社會的廣泛影響，接下來的作為若為振興傳統以化石能源為基礎的經濟，則陷入了惡性循環；若能加速以綠色、低碳為原則的低碳轉型，則能擺脫經濟成長「綁定」碳排放的魔咒，減緩氣候惡化的速度。

永續發展三基線：環境、社會、經濟

　　根據 1987 年聯合國發行的「我們共同的未來」（Our Common Future）報告書，「永續發展」（sustainable development）的定義為：「既滿足當代人的需求，又不危急後代人滿足其需求能力的發展」。簡而言之，永續（sustainable）的發展狀況重點在「世代正義」，現在的世代不能夠將資源耗盡，讓後世子孫承擔後果，而無法擁有與現在的人至少相同的發展條件 [2]。

　　在這樣的基本原則之下，永續發展概念著重經濟、社會與環境的整合考量，希望兼顧經濟發展、社會包容與環境品質，這也就是永續發展的三基線（triple bottom lines, TBL）。然而，為了達到永續發展，人們對於環境、社會與經濟三者的順位也有不同的考量。

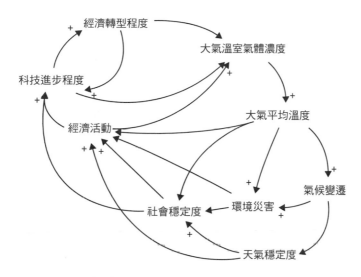

圖 1-1-14　經濟活動、氣候變遷、環境災害、社會穩定、經濟轉型
　　　　　　等變數之間的簡要互動關係圖

資料來源：自行繪製

「強永續性」（strong sustainability）指的是環境考量的順位優
於社會，再優於經濟，意謂必須先確保環境品質，才有社會包容的
基礎，也才能有經濟發展，是一種理想化的境界。另一方面，弱永
續性（weak sustainability）則表達環境、社會、經濟三大領域同等
重要，需要協調不同的觀點，以求妥協，但可接受的發展狀態。前
者也稱為永續發展的「同心圓」模型，後者則為「交叉圖」模型[3]。

　　以此角度檢視氣候變遷，便可以理解，氣候變遷的成因、發展與
因應均與經濟、社會與環境這三大領域有關。若以 AR5 中所載的
全球碳排放來源的分布來看[4]（如圖 1-1-16），「電與熱」和「農業、
森林、土地使用」各約占 25% 左右，接下來是工業（21%）、運
輸（14%）、其他（9.6%）、建築（6.4%），明顯代表現在工業化、
商業化、與電子化社會的經濟型態。

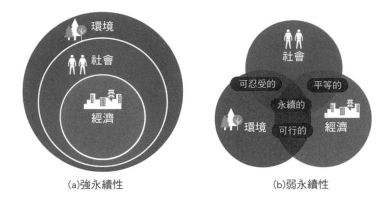

(a)強永續性　　　　　　　　(b)弱永續性

圖 1-1-15　環境、社會、經濟三者在強永續性（strong
　　　　　　sustainability）與弱永續性（weak sustainability）
　　　　　　概念中不同的相互關係

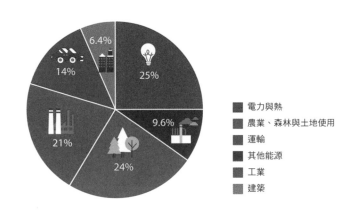

■ 電力與熱
■ 農業、森林與土地使用
■ 運輸
■ 其他能源
■ 工業
■ 建築

圖 1-1-16　依照不同部門歸類的全球溫室氣體排放比例
資料來源：[4] IPCC, AR5（2014）

於是，與降低溫室氣體排放有關的各種作為，也就展現在與各種排放源相關的活動中。

從 2022 年開始，在美國總統拜登的帶動，與 COP26 格拉斯哥氣候會議的強力主張下，世界各國紛紛宣布 2050 淨零排放目標。然而，COP26 通過的格拉斯哥氣候協議明確說明各國應在 2030 年達到第一階段的管制目標，應比 2010 年降低至少 45% 的排放量。2030 年的初階排放成績對於是否可以在 2050 達到淨零排放目標而言相當關鍵。

圖 1-1-17 代表在 2020 年聯合國環境署（United Nations Environment Programme, UNEP）發行的排放差距報告（Emissions Gap Report）中，說明了 2030 初階目標表現欠佳的可能原因，包括未能擺脫碳密集的公共建設與高排放活動、沒有降低全球暖化衍生的氣候衝擊與風險、過度依賴更高的標準或規範等。以現在的角度看待這前幾年的說法，仍然適用。目前人類的生活方式仍存有諸多不永續的慣性，需要運用各種政策介入與具經濟誘因的機制快速克服 [5]。

另一方面，貧富差距和排放量也有明顯的差距。同一份報告顯示，全球所得居於前 10% 的人口就排放了 48% 的溫室氣體，而所得後段 50% 的人口僅排放了 7% 的碳排放，顯見生活富裕程度與排放之間的密切關聯。永續消費與生產（sustainable consumption and production, SCP）則為改變生活方式，以降低碳排放的重要手段。「避免、轉換、提升」（Avoid-Shift-Improve, ASI）為近年各方倡議的重要架構，讓人們從食衣住行育樂各方面降低碳排放。

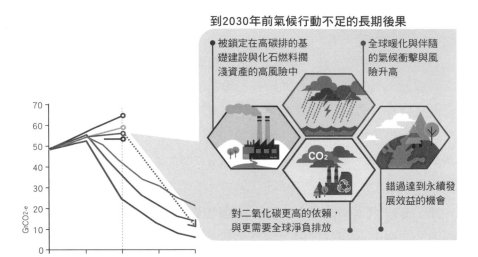

圖 1-1-17　UNEP 2020 年版本的「排放差距報告」中列出的尚須努力的減碳措施

資料來源：[5] UNEP, Emission Gap Report, 2020

　　譬如，避免購買不需要的物品、將購買改為租用、提升使用效率、延長使用時間等。

氣候變遷衝擊生活的基本設定

　　正因為氣候變遷改變的是我們生活的基本設定，正在發生、且繼續惡化中的氣候變遷，持續對所有事情造成短期與長期的影響。我們可以在媒體上看到的與氣候變遷有關的報導，已經不再限於極端天氣事件或各類災害，還包括民生相關的低碳飲食、電動車使用，或公共建設相關的再生能源、智慧電網，與國家政策層次的碳中和宣告等。在 COVID-19 疫情發生後，疫情與氣候變遷之間的關係也成為媒體討論與報導的焦點。

氣候變遷的衝擊層面，有時出乎我們意料之外。譬如，世界銀行（World Bank）於 2021 年 9 月發布「顧朗司威爾報告」（Groundswell Report），重點指出若全球沒有非常具體的氣候行動，2050 年之前，全球六個區域內因為氣候變遷而產生的難民將合計高達 2 億 1 千 6 百萬人，尤其以撒哈拉沙漠以南地區、亞洲太平洋地區、南亞地區為甚 [6]。

這報告的內容也隨即出現在國內外各大媒體之中，引發各界的關注。這已經不是「呼籲大家節能減碳、愛護環境」這麼簡單的訴求可以解決的問題，而是全球必須從經濟、社會、環境全方位著眼，加上跨國跨域合作才可能有所進展的複雜事務。

若以聯合國永續發展目標（SDGs）的整體架構來看待氣候變遷，也可以理解氣候變遷與各目標之間均有關聯的事實。譬如荷蘭萊頓大學（Leiden University）創新中心利用資訊工具，探索許多聯合國的相關主要報告（flag reports），以標的（targets）為基準，分析 17 個 SDG 之間的關聯，發現任意二個 SDG 之間都存有諸多關聯性。

圖 1-1-18 即為部分結果，其中（a）為所有 SDG 之間的互動關係；（b）為 SDG13 氣候行動與其他 SDG 之間的關係，並且顯示 SDG13 的互動關係占總量的 5.9%，恰約為 1/17 [7]，如圖 1-1-18。簡而言之，氣候變遷與所有的 SDG 都有關聯，涉及到經濟、社會、環境各類事物。

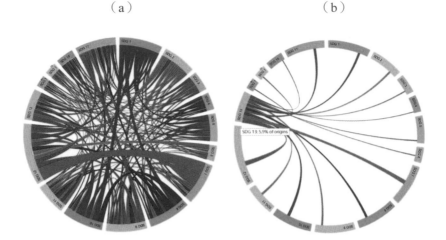

（a）　　　　　　　　　　　　　（b）

圖 1-1-18　聯合國主要報告中各 SDG 之間的互動關係：（a）所有
　　　　　　SDG 之間；與（b）SDG13 與其他 SDG 之間

資料來源：[7]

氣候變遷真正的決策力量

　　若看待近年氣候變遷議題在國際社會中的演變，就可以充分理
解，氣候變遷真正的決策力量是國際政治與金融投資。2016 年川
普當選美國總統，隨即宣布美國將退出巴黎協定，不理會全球對抗
氣候變遷的努力。直至 4 年之後總統換成了拜登，美國才重返對抗
氣候變遷的舞台。

　　也正是由於拜登的積極倡議，才讓 2050 淨零排放成為全球風潮，
並在 2021 年底的 COP26 中具體通過格拉斯哥氣候協議。在 2015
年 12 月巴黎協定通過後，全球金融與投資領域大力響應因應氣候
變遷的各類倡議與投資，就算美國聯邦政府有幾年採取消極作為，
但「環境、社會與公司治理」（ESG，名詞解釋見「ESG 與氣候

變遷」第 76 頁）與氣候變遷產生的密切互動，搭配 SBTi（Science Based Targets initiative, SBTi， 詳見第 257 頁 ）、TCFD（Task Force on Climate-Related Financial Disclosure, TCFD；中譯為「氣候變遷相關財務揭露」，詳見第 241 頁）、RE100 等各種自願性揭露架構，讓氣候成為投融資的關鍵考量，且搭配重要全球品牌商，譬如蘋果、Google、Amazon 等相繼宣告淨零排放的目標，讓氣候變遷透過國家政策與企業目標深入我們每一個人的生活。

其中，RE100 為氣候組織（The Climate Group）與碳揭露計畫（CDP）等組織於 2014 年創立的全球再生能源倡議，邀集具高度影響力的企業對再生能源的使用做出宣告，讓企業承諾在 2020 至 2050 年之間使用綠電，並逐年公告進度。目前，全球已經超過 4 萬家企業加入 RE100，包括我國的 100 餘家企業。

以上的分析告訴我們，氣候變遷正以全面、緊急、不可逆的方式加速影響我們的生活，更進一步衝擊我們根本的生存，這即是人類的永續發展議題。我們現在的努力，將影響 2050 年、2100 年，與更久之後的世代的生存與發展的機會。「永續發展」談的是「世代正義」，而氣候變遷對於後代的威脅更甚於現在。如果我們現在沒有足夠的作為，或根本不作為，讓未來世代承受後果，後果就是「不永續發展」了！

仍須再次強調的是，經濟活動與社會變遷是工業革命後人類製造大量溫室氣體排放的主因，同時破壞環境，威脅到人類賴以生存環境的基本盤。

我們需要時時提醒自己，氣候變遷不僅是環境問題，而是一個具有高度複雜性與互動性的經濟、社會、環境綜合議題。以系統思維

看待氣候變遷，以科學的態度面對短中長期的因應策略，同時以批判思考看待各國與國際社會面對氣候變遷的政策與管制措施，積極為現在和未來世界做出正確的決策與行動，是我們這代人的責任。對於企業而言，行動越快、轉型越快，未來的存活與發展機會越大；行動遲緩或不行動者，則面臨隨時間加大的實體風險與轉型風險的威脅。

🌐 地球暖化 2.0 小百科

ESG 與氣候變遷

　　ESG 是 環 境（environment）、社 會（society）與 公司 治 理（governance）的縮寫，近年成為全球企業永續領域的熱門名詞與概念。氣候變遷議題在 ESG 架構中通常被列在 E（環境）面向中，然而事實上氣候變遷與 E、S、G 均相關，關係永續發展的全面向。

　　聯合國秘書長安南在 1999 年的世界經濟論壇（WEF）大會上提出「全球盟約」（Global Compact），後經過數年的討論，於 2004 年宣布全球盟約的十大原則，分布於人權、勞工、環境、反貪腐四個類別，成為 ESG 的前驅概念。全球盟約後於當年 11 月發行了一份關鍵報告，名為「關心的人是贏家」（Who Cares Wins），並且建議分析師與投資者重視環境、社會與公司治理（Environmental, Social, and Government, ESG）議題，是 ESG 這名詞首次出現在相關領域的討論中 [1]。聯合國秘書長安南於 2005 年初邀集世界大型機構投資者組成籌備處，開始籌備責任投資原則（Principles for Responsible Investment, PRI），且公布 PRI 的六個原則，其中三個強調 ESG 的資訊需揭露，並且納入投資與決策程序中。

　　由此可知，ESG 並非全新的觀念，至今已有近 20 年的發展歷史。不過與企業社會責任（CSR）相較，就相對年輕許多。CSR 倡議從 1953 年開始，至今已有 70 年的歷史。在講究利害關係人議合的 ESG 時代，「社會責任」的設定已經相對過時。我國上市櫃公司也

自 2022 年開始不再發行企業社會責任報告書,一律改為永續報告書。

　　近年氣候緊急狀態的定調與 2050 淨零排放的全球目標與 2030 階段目標的倡議等,也賦予企業更直接的減碳壓力與韌性調適的需求。由大型企業帶動的全球供應鏈減碳,是各國與全球能夠達到目標的基礎。

　　主要的 ESG 指數中,氣候變遷都扮演著重要角色。無論是 MSCI ESG 指數(由摩根史坦利所發行的明晟永續指數)、DJSI 永續指數(道瓊永續指數)、FTSE ESG(富時永續指數)指數等,氣候變遷均列在 E 類別中。MSCI 在 2022 年提出的 ESG 三大趨勢中,第一個即為「氣候在所有議題中居首」(Climate as First among Equals)。2023 年的趨勢預估甚至將名稱直接調整為 「ESG and Climate Trends to Watch for 2023」[3]。承諾淨零排放在幾年之間已經從新聞題材成為大企業不得不為的基本宣示,也是 ESG 績效的最優先指標之一。

圖 1-1-d　MSCI 發行的 2023 年 ESG 與氣候趨勢觀察報告

資料來源:[3]

1-2 加速暖化：列車駛向何方

　　全球氣溫上升正在助長全世界毀滅性的極端天氣，對經濟和社會造成螺旋式影響。過去 5 年的全球平均氣溫是有紀錄以來最高的。而在未來 5 年內，氣溫暫時超過前工業化時代攝氏 1.5 度的可能性越來越大。

　　除了著眼於前後 5 年的氣候歷史和預測，瞭解中長期即將發生的變化也很重要。如果我們將時間尺度放到未來的 30 年到 50 年，在這可想像、但也充滿不同可能性的時段中，我們會看到氣候變遷如何影響環境與社會的發展，乃至個人的生活方式和前進的方向。當我們走在加速暖化的路途上，需要藉由科學和理性指引行動，也需要真誠而堅定的決心實現對永續未來的想像。

1-2-1 AR6：聯合國的直接示警

　　我們已經在遏止氣候緊急狀態的戰鬥中走到了成敗的十字路口，接下來十年的每一個碳排放決策都影響數十億人口未來以何種方式生存，而每個人都是這個決策共同體的一部分。在這個關口，代表世界氣候科學的最高研究機構—聯合國政府間氣候變化專門委員會（IPCC）—於 2021 年 8 月 9 日發布了第六次評估報告（Sixth Assessment Report, 簡稱 AR6），回答了社會各界關於各種氣候變遷相關問題的疑問。聯合國秘書長古特拉斯（António Guterres）表示，AR6 正式敲響了「人類生存的紅色警報」（code red for humanity）[1]。

　　在此之前，IPCC 自 1988 年成立以來已經發布了五次評估報告，每一次都系統性地列出了氣候變遷的最新證據和預測，並提供氣候變遷潛在風險和應對策略的綜合評估。第五次評估報告（AR5）

於 2013～ 2014 年發布。2016 年開始，IPCC 在新任主席李會晟（Hoesung Lee）的領導下，開始第六個評估週期。與過去的工作模式類似，AR6 分為三個工作組，包括第一工作組（WG1），負責「物理科學基礎」；第二工作組（WG2），負責「衝擊、脆弱度與調適」；第三工作組（WG3），負責「減緩氣候變遷」[2]。

我們這裡說的 AR6，即為最早發行的 WG1 報告，主要陳述對氣候的最新觀測數據、建立模型和分析。該報告長達 3,949 頁，引用了 14,000 多篇論文，收到 78,007 條學術同儕評論，由 234 位科學家自願參與寫作 [3]。後續的 WG2 和 WG3 則於 2022 年發布，整合報告（thesis report）則於 2023 年初發布。

IPCC 評估來自世界各地的數千名科學家在過去 8 年中的最新氣候科學研究成果，從中精煉出更為一般性、廣泛性和具有指標意義的結論。各界對 AR6 期待已久，發布後迅速成為各國的新聞頭條，且成為 2021 年 11 月舉行的聯合國氣候變遷大會（COP26）的關鍵前奏曲，也是各國領袖討論因應氣候緊急狀態的基調。

以下是 AR6 最重要的幾項關鍵結論。

地球處於 2 千年以來最熱狀態！

AR6 使用迄今為止最強烈的措辭，斷言人類正在造成氣候變遷，其報告摘要的第一行寫道：「人類的影響已經使大氣、海洋和陸地暖化，這是明確的」[4]。IPCC 不再使用統計的學術語言，而是提供了一般民眾皆可直接理解的白話文。

如果我們進一步回顧早期 IPCC 評估報告，我們可以看到關於全球暖化與人類活動的關聯的可能性評估是如何演變的：

1. 第一次評估報告（1990 年）：「通過增加它們的濃度，並通過添加新的溫室氣體，如氯氟烴 （CFC），人類能夠提高全球平均年平均地表氣溫。」

2. 第二次評估報告（1995 年）：「證據表示人類對全球氣候的影響是明顯的。」

3. 第三次評估報告（2001 年）：「過去 50 年觀測到的大部分暖化很可能是由於溫室氣體濃度增加所造成的。」

4. 第四次評估報告（2007 年）：「自 20 世紀中葉以來，觀察到的全球平均氣溫上升的大部分很可能是由於觀察到的人為溫室氣體濃度的增加。」

5. 第五次評估報告（2013 年）：「自 20 世紀中葉以來，人類影響極有可能是觀測到的暖化的主要原因。」

6. 第六次評估報告（2021 年）：「人類影響已使大氣、海洋和陸地暖化，這一點是明確的。」

得出新且明確結論的有力依據，就是觀察人類活動燃燒化石燃料對全球氣溫的影響。圖 1-2-1 說明了資料與分析邏輯：左側的圖片模擬了地球 2000 年來的溫度變化，強調了工業革命之後地球溫度進入了一個急劇上升的階段。相對於 1900 年，人類活動已經造成了 1.07°C 的地表升溫 [4]。而右側的圖片比較了人為因素對溫度的影響。綠色的區域顯示，如果排除人類活動的影響，僅僅考慮自然因素（太陽活動和火山活動），全球氣溫將處於穩定的情況。褐色區域則顯示已觀測到的地球升溫情況，是人為和自然因素的共同作用。1850 年之後的 100 年，地表均溫緩慢上升，但 1970 年代進入轉折階段，顯示過去半個世紀人為因素驅動了地表急速升溫。

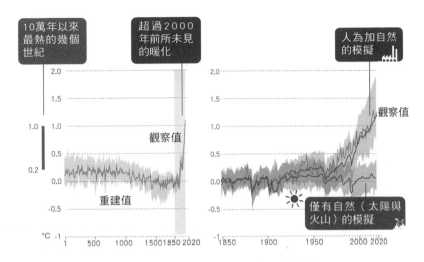

圖 1-2-1　相對於 1850 ～ 1900 年的全球地表溫度變化
左側：重建（1 ～ 2000 年）和觀測（1850 ～ 2020 年）的
全球地表溫度（十年平均值）變化；右側： 使用人類和自
然因素（褐色）和僅使用自然因素（綠色）（1850-2020 年）
觀察和模擬的全球地表溫度（年平均）變化。

資料來源：[4]

未來還會升溫幾度？

　　地球溫度曲線圖展現的一個殘酷的事實：在相當長的時間內，未
來地球的升溫或許是一種必然的、不可逆轉的趨勢，不僅因為惡習
未改（人類社會目前仍高度依賴化石燃料），也因為舊罪未除（過
去超過 150 年排放到大氣中的溫室氣體在大氣中累積，生命週期從
幾十年到數百年，持續加熱大氣）[5]。那麼，接下去的問題是，地
球還會升溫多少度？距離目標門檻 1.5°C 還有多久？對此，IPCC
明確指出，未來的升溫幅度取決於未來 10 年世界是否可以真正降
低碳排放，還有降低的速度有多快。

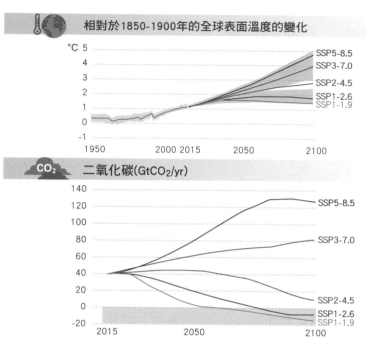

圖 1-2-2　上：不同 SSP 下全球地表溫度相對於 1850 ～ 1900 的變化情況
　　　　　下：不同 SSP 下全球二氧化碳排放量的變化情況
資料來源：[4]

　　AR6 首次利用一種新的情境來模擬未來的暖化相關指標，稱為「共
享社會經濟路徑」（Shared Socio-economical Pathways, SSP），也
明確指出社會與經濟是暖化的驅動力。SSP 並非橫空出世，最早於
2016 年發布，旨在模擬人口與其他社會經濟因素未來的變化與相應
的氣候變遷概況 [6]，2021 年發布的 AR6 中記載了首次 SSP 的完整
模擬。SSP 與 AR5 和 2018 年發布的《全球暖化 1.5°C 特別報告》中
使用的「代表性濃度路徑」（Representative Concentration Pathways,
RCP）不同。RCP 為溫室氣體濃度設定了路徑，並有效確定了到本
世紀末可能發生的暖化程度 [7]，而 SSP 則設定影響溫室氣體排放與
濃度的政策與介入行為，及其時間點與強度。

SSP 以五種敘事為基礎，描述了塑造未來的可能社會經濟狀況和相應的暖化走勢。分別為：SSP1: sustainable development （永續性－綠色之路）、SSP2: Middle of the road （中間道路）、SSP3:Regional rivalry（區域競爭:崎嶇之路）、SSP4:Inequality（不平等：道路分叉）、SSP5: Fossil-fueled development （化石燃料驅動的發展）、SSP 編號最後附上輻射驅力，代表預期的全球升溫狀況 [4][6]。

我們可以在圖 1-2-2 中看到不同 SSP 情境下全球溫度和二氧化碳排放量的變化。在所有情境中，SSP1-1.9 是 2015 年《巴黎協定》呼籲將全球暖化控制在「遠低於較工業化之前升溫 2°C 以內的範圍，最好不超過 1.5°C」 的呼籲所推動的新路線，也是邁向永續發展道路的最佳情境。SSP1-1.9 的基本假設為：到 2030 年全球二氧化碳總排放量將下降約 25%，到 2035 年將下降約 50%[4]。

遵循這個方案全球各國需要付出空前的努力。這前提包括排碳大國諸如美國、歐盟、英國等能夠在 2030 年降低一半以上的碳排放，且並無阻礙因素發生。

從俄烏戰爭之後的全球亂象與 COP27 願意提交新減碳計畫的國家相當有限等事實來看，實現這情境的難度相當高。世界氣象組織預測，全球升溫甚至有可能最早在 2025 年短暫地達到 1.5°C 的閾值（threshold）[8]。

最樂觀的情境 SSP1-1.9 顯示，到本世紀中葉，全球升溫將超過 1.5°C，但到世紀末達成負排放後又回落。但如果全球到 2050 年才降低一半的排放量，對應的情境為 SSP1-2.6，世紀末全球氣溫仍可能上升超過 1.5°C。不過，這依然與不採取任何減量的努力（SSP5-8.5）相比，能夠控制大約 3°C 的暖化，為後代保留更多的生存空間。

最長期的影響：海平面上升

海洋是一個龐大的溫度調節器，控制全球溫度的穩定。然而若我們持續讓地球暖化，海洋溫度一旦失衡，就難以收拾了。

AR6 預測，到 2100 年，海平面將上升約 0.5 到 1.0 公尺 [4]。但在不同的 SSP 情境中，更為明顯的差異發生在 21 世紀下半葉：SSP1-1.9 與 SSP5-8.5 相比，約有 0.35 公尺的差異。

這可能聽起來並不嚴重，然而，由於冰帽融化過程存在很大的不確定性，因此不能排除更糟糕的可能性，AR6 也首次納入了對此的評估。此即為在圖 1-2-3 中的虛線，顯示若南極冰帽不穩定融化或崩解可能的後果：SSP5-8.5 下，到 2100 年全球海平面上升接近 2 公尺，到 2150 年接近 5 公尺。

這種情況比較接近於某些新聞報導的論述，例如「海平面上升，2050 年高雄成汪洋」、「台南被淹沒」。不過，IPCC 也隨即評估，該狀況發生的可能性很低。然而，海平面上升 1 公尺的後果就非常嚴重了。

海平面上升後會降回去嗎？ IPCC 指出，從長遠來看，由於海洋持續暖化和冰帽融化，海平面將持續上升數百年至數千年 [4]。這會對數億人的生命和財產安全造成威脅。自 1960 年代以來，許多沿海地區的洪水發生頻率已經倍增，在某些低海拔地區，百年一遇的沿海洪水到 2100 年可能每年發生 [9]。

相對於1900年的全球海平面變化

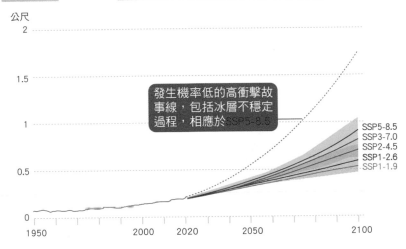

公尺

發生機率低的高衝擊故事線，包括冰層不穩定過程，相應於SSP5-8.5

SSP5-8.5
SSP3-7.0
SSP2-4.5
SSP1-2.6
SSP1-1.9

圖 1-2-3　相對於 1900 年的全球平均海平面變化（以公尺為單位）

資料來源：[4]

我們還能排放多少碳？關注剩餘的「碳預算」

　　「碳預算」（carbon budget）是一種以質量平衡的原理思考大氣中的溫室氣體總量的方式。根據 AR6 預測，自 1800 年代中期以來，人類行為導致大氣中增加了 2.4 兆噸二氧化碳，全球平均氣溫上升了 1.07 °C。若以「到升溫 1.5°C 還能排放多少碳？」的角度訂定碳預算，「全球碳預算」智庫在 2022 年底時的估計為，還有 3,800 億噸左右可以增加，相當於剩下約 9 年。若以升溫 1.7°C 與 2.0°C 來對應，則分別剩下 18 年與 30 年 [10]。而根據 AR6 的估計，為了實現將暖化控制在 1.5°C 的目標，需要在 2030 年減少 83% 的碳排放，剩下的 20 年用於盡力將剩下的 17% 歸零，這意味著未來 10 年或許是我們的最後機會 [4]。

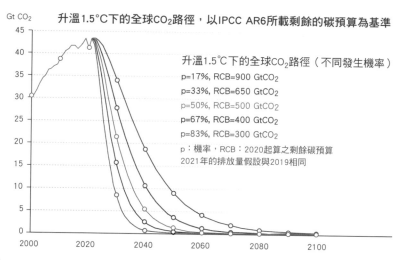

圖 1-2-4　AR6 中不同路線下的碳預算曲線

資料來源：[4]

創造與改變歷史的時刻

在《羅馬帝國衰亡史》中，歷史學家愛德華・吉朋（Edward Gibbon）寫道，歷史「只不過是人類罪行、愚蠢和不幸的記錄」[11]。當工業革命的號角隨著蒸汽機的發明而吹響的那一刻，人類的歷史便逐漸被化石燃料驅動的生產方式改寫。30 多年來，IPCC 一直在警告氣候變遷的危險，但各國仍在因應過程中優先考量個別的政經利益。

2009 年的電影《愚蠢年代》（The Age of Stupid）正是假想了一個 2055 年，氣候行動失敗的的滿目瘡痍的地球 — 黃沙覆蓋了拉斯維加斯、熱到燃燒的雪梨歌劇院、宛如死城的泰姬瑪哈陵⋯⋯，影片告誡人們，如果我們繼續不考慮後果、不對地球負責任的愚蠢行為，就會導致這樣的下場 [13]。

如今，在這個至關重要的存亡關頭，IPCC 的最新報告就像一份地球的病危通知單，為政府、決策部門和社會各界消除猶豫和遲緩，選擇肯定事實和積極合作行動提供了臨門一腳的動機。

IPCC 的最新報告用為我們發起氣候變遷的相關討論奠定了基調：當數百名氣候領域的頂尖科學家斬釘截鐵地表明氣候變遷正在「廣泛化、加速和加劇」，焦點已經從「問題存不存在？」、「要不要行動？」、「何時開始行動？」變成了「該如何做？」和「該如何做好？」，因為 AR6 明確指出：「除非立即、迅速和大規模地減少溫室氣體排放，否則難以將升溫限制在接近 1.5°C 甚至 2°C。

圖 1-2-5　《愚蠢年代》電影海報
資料來源：https://filmsfortheearth.org/en/films/the-age-of-stupid

1-2-2 暖化加速度：氣候系統的正回饋效應

世界是由無數小系統組成的大系統，人體也是由很多系統組成的一個整合系統，在更大的地球生態系統中生活。人們賴以生存的生態系統，如前所述，是歷經數十億年的各種物理、化學、生物等作用的平衡結果。太陽能量、光合作用與複雜而巧妙的演化，都扮演了關鍵的角色。

正回饋？正面的效應嗎？

事實上，不僅是自然，人類社會的運作也是由各種系統組成的。從家庭、社區到國家、國際社會，各種經濟規則與社會制度與地方自然和人文條件搭配，形成各地的生活習慣和基礎設施，也形成了貨幣、貿易、國界等各種複雜的制度。

譬如，雖然溫室氣體排放來自世界各國各地，但最後都在地球唯一的大氣層中反應和作用，再對各地造成衝擊。從 1980 年代至今國際社會開始就因應氣候變遷的衝擊作出一些努力，希望能夠改變持續惡化的全球氣候，然而情勢並不樂觀。這就是自然系統與人為系統交互作用的案例。

系統本身是一門科學，在系統科學中，「回饋」（feedback）指的是一個行動產生的結果，再後續影響採取行動者和當時的狀況。「正回饋」（positive feedback）係指一種「加乘作用」，譬如某種政策的實施讓「富者越富，貧者越貧」；體重變重讓人不想動，結果體重更容易繼續增加，都是可理解的生活情境。

因此，「正回饋」不見得是正面的效應，甚至常適用於負面的失控狀況。圖 1-2-6 就是一種典型的正回饋簡要示意圖，狀態 A 越高造成狀態 B 越高，而狀態 B 越高也造成狀態 A 越高，形成一種正回饋效應，而 R 代表 reinforcing。

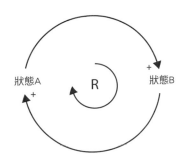

圖 1-2-6　正回饋效應簡圖

「回饋」讓風險降低或升高

　　氣候變遷越來越嚴重，且需要花費極大的努力才有可能減緩其惡化的速度，大氣與地球系統中的「正回饋」效應扮演了相當重要的角色。以下我們舉出幾個大家都感受得到、且易於理解的幾個正回饋與負回饋案例，也讓我們一同練習這樣的「系統思考」（system thinking）。

　　地球的天氣系統是諸多相互關聯的因素組成的網路，一系列因素的變化影響著另外的因素，形成回饋循環。若著眼於溫度的變化，「正回饋」讓冷天氣更冷，或熱天氣更熱；「負回饋」（negative feedback）則讓天氣變化趨於穩定，進而形成長期有規律、可預期的穩定氣候。

　　負回饋的作用至關重要，它確保氣候維持在適合生命生存的溫度範圍內。譬如，從上一次冰河時期在 18,000 年前結束之後，地表大氣溫度經歷了多次的起起伏伏，最後從 5～6 千年前的全新世最

暖期開始逐漸下降，讓我們有幾千年相對穩定的溫度與天氣，讓文明順利延續與成長。當然，正回饋終究發生，使地球系統產生巨大變化，每十萬年一次讓地球從溫暖時期過渡到冰河時期。

負回饋通常在無重大變因發生的情況下，由時間的長度醞釀而成；但正回饋則往往由重大事件誘發，譬如火山爆發、板塊飄移、隕石撞擊等，導致大氣成分、洋流強度與方向等影響天氣系統因子的劇烈變動[1]。

讓我們以水蒸氣的循環為例，模擬一種簡易的正回饋的過程：

(1) 啟動情境與因子：隨著越來越多的溫室氣體排放，大氣溫度升高；

(2) 更熱的空氣導致更多的水從的海洋、河流、湖泊和陸地蒸發，進入大氣；

(3) 溫暖的空氣因此含有更多的水蒸氣，而水蒸氣也是一種溫室氣體，進而提升了溫室效應；

(4) 放大的溫室效應讓大氣溫度更高，導致更多的水蒸發，而重新開始循環（$2 \rightarrow 3 \rightarrow 4 \rightarrow 2 \rightarrow 3 \rightarrow 4 \rightarrow 2 \rightarrow 3 \rightarrow 4 \cdots$）如此反覆發生，使大氣溫度越來越高。

正回饋的存在意味著地球的升溫速度可能超過現有的科學預測模型，衝擊可能比之前的預測更為強大。因此，即使我們真的按照既定的路徑圖執行減碳的方針，在 2050 年實現了淨零排放，$1.5°C$ 或 $2°C$ 仍有可能會提前到來[2]。減碳沒有太多或太快的問題，盡速並加大力道減碳是絕對必要的。

全球尺度的大氣溫度正回饋循環驅動了上述的加速增溫，以下為二個案例。

北極冰融的正回饋效應：地球暖化倍增

　　兩極冰帽是調節全球陸地和海洋溫度與面積的關鍵要素。冰帽形成巨大的白色表面，將太陽輻射直接反射回太空，反射的比例則以「反照率」（albedo）定義之 [3]。與其他顏色較深的地球表面相比，冰層反射太陽輻射的能力高出許多。開闊的海洋僅將 6% 的太陽輻射反射回太空，吸收其餘部分並使水和周圍大氣變熱。然而，海冰則反射了 50 ～ 70% 的太陽輻射。相比之下，地球整體的反照率約維持在 31% 上下 [4]。

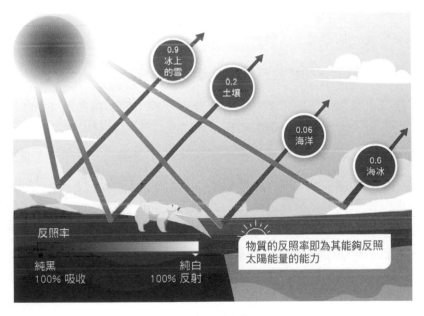

圖 1-2-7　地球不同表面的反照率示意圖
資料來源：[4]

不幸的是，兩極的海冰覆蓋正在縮小，北極地區尤為顯著。在 2020 年 9 月末，NASA 測得北冰洋海域覆蓋的冰川面積約為 374 萬平方公里，是自 1979 年開始衛星監測以來同期的 40%，為歷史第二低 [5]。當冰層被顏色較為深暗的海水所取代，海水表面會吸收而不是反射熱量，升溫的海水導致進一步的海冰融化，形成正回饋。

整個過程的原理可以簡要說明為「冰融後地球更容易暖化」，亦即：

氣候暖化→更多冰融→地球反照率下降→地球更容易加熱→氣候暖化更嚴重→加速更多冰融→⋯→地球更容易加熱

永凍土解凍的正回饋效應：甲烷潘朵拉魔盒

永凍土是凍結了數千年的土壤，全球永凍土的面積高達 1,500 萬平方公里，覆蓋了北半球四分之一的面積，主要位於加拿大、俄羅斯和美國阿拉斯加。永凍土是一個巨大的「碳庫」，封存了大量有機物分解後產生的甲烷和二氧化碳。甲烷是一種暖化能力極其強大的溫室氣體，單位重量造成的輻射驅力（radiative forcing）是二氧化碳的數十倍 [6]。所幸，甲烷的生命週期較二氧化碳短了許多，今天排放的甲烷中只有大約 20% 會在 20 年後仍然存在於大氣中。然而，若僅看待這 20 年的生命週期，其全球暖化潛勢（GWP）仍然是二氧化碳的 86 倍 [7]。因此，我們需要十分警惕永凍土融化釋放出甲烷造成的暖化。

據估計，永凍土保存了相當於 1.46 ～ 1.6 兆噸二氧化碳 [8]，幾乎相當於大氣中溫室氣體總量的 2 倍。IPCC 於 2019 年發布的《氣候變遷中和海洋與冰凍圈特別報告》指出，自 1992 年以來，阿拉斯加南部的永久凍土層每年都變薄 4 毫米 [9]。

在 IPCC 於 2021 年月公布的第六次評估報告（AR6）中，甲烷也受到了前所未有的重視 [10]。為此，科學家們更加關注北半球高緯度地區的暖化，並竭力阻止「永凍土融化→甲烷釋出→溫室效應加劇→更多永凍土融化→更多甲烷釋出→溫室效應更加劇⋯⋯」的正回饋循環。

🌐 地球暖化 2.0 小百科

泥炭地——全球暖化治理的關鍵拼圖

我們腳下的土壤蘊含著一個不可思議的事實：它儲存了陸地上 70% 的碳，是大氣中二氧化碳的總量的 3 倍。自從工業革命以來，不永續的土地開發方式已經讓曾經固定在土壤中的 50～70% 的碳因為水分流失、森林砍伐、商品化農業開發等種種原因釋放到大氣中 [1]。

泥炭地，或者是其更通俗的名稱沼澤或濕地，在固碳的任務上扮演了關鍵角色。在數百萬年的過程中，死亡的植物體在這種缺乏氧氣而潮濕的環境中緩慢分解，減緩了碳以氣態的形式回到大氣中的節奏，造成了有機物的貯存和積累。儘管總面積只有陸地面積的 3%，泥炭地是世界上所有的陸地生態系中碳密度最高的區域。僅在歐洲，它們鎖住的碳就有森林的 5 倍之多 [2]。

如果我們忽視泥炭地為維持生物多樣性、減緩氣候變遷和穩定土壤創造的福祉，我們就會承受它的損失帶來的影響（如圖 1-2-a）。由於泥炭地中的水常常被引流至農田灌溉，泥炭地目前面臨乾涸的危機，而暖化的升溫效應加速了這個過程。有機物質的分解觸發了這個生態系統加速消亡的回饋循環。2017 年，全球泥炭地倡議（Global Peatlands Initiative）發布的《水上煙霧：應對泥炭地損失和退化帶來的全球威脅》（Smoke On Water – Countering Global Threats From Peatland Loss And Degradation）報告顯示，15% 的已知泥炭地區域已經被摧毀或退化，這些乾涸且失去固碳功能的土地所排放的二氧化碳占全球二氧化碳排放總量的 5%[3]。

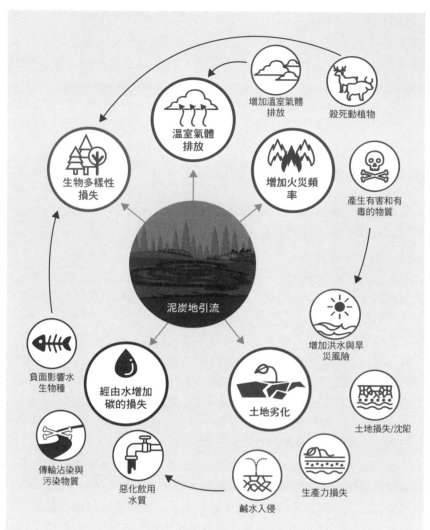

圖 1-2-a　泥炭地引流帶來的環境和社會影響

資料來源：[3], 改編 https://www.dw.com/en/peatlands-neglected-piece-of-the-climate-puzzle/a-41890864

1-2-3 臨界點的多重風險

　　當暖化在正回饋循環的機制作用下加速，我們還需要考慮到更糟糕的後果，這是由於一些回饋循環讓氣候系統迅速逼近「臨界點」（tipping point）。2009年德國波茨坦氣候影響研究所前所長，謝爾恩胡伯（Hans Joachim Schellnhuber）提出「氣候系統臨界點」的觀點，描述在全球暖化的壓力下，氣候系統的某些部分可能會突然崩潰或失控的情況 [1][2]。

　　我們可以想像一下，在將一顆球滾上山的過程中，一不注意球就會因重力往下滾。然而，一旦球滾過山頂，它就會自動滾下去，脫離我們的掌握。山頂就是個「臨界點」，只要有任何一點微小的額外作用，球就變成脫韁野馬了！

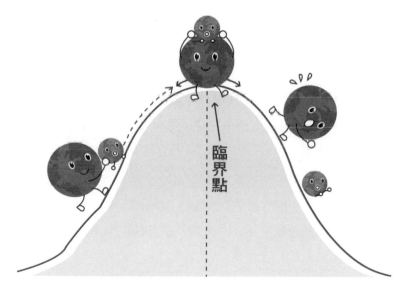

圖 1-2-8　臨界點示意圖

資料來源：https://climatescience.org/zh-cn/advanced-climate-climate-tipping-points/

當超越臨界點，氣候崩解隨時可能發生

在氣候科學中，臨界點是一個假設的「閾值」，超過這個閾值的溫度變化將進一步強化回饋迴路的速度。與圖 1-2-8 中球與地形的關係頗為類似，如果改變大氣中的溫室氣體濃度而溫度略升，不久後會回到原來的狀態，但若狀況持續惡化，到達或超越了臨界點，氣候崩潰的狀況就隨時可能發生，且不可逆轉。

如前所述，氣候系統中存在著如此多已經發生的正回饋循環，持續自我強化，都是將氣候系統推向臨界點的力量。這些正回饋之間還可能產生交互作用，彼此呼應，讓臨界點提前到來。譬如暖化加速極地冰帽的溶解，促使永凍土這天然碳匯中的碳大量釋出，再加速暖化，使熱浪更嚴重，森林野火的機率和尺度因而增加，釋放出更多的二氧化碳到大氣中……。這些節奏一旦共鳴而持續加速，局面將更加難以逆轉。

除了氣候系統的臨界點，暖化還可能會加速引發一系列的生態臨界點，也就是說，任何一個節點會啟動生態系統進一步推倒崩潰的骨牌，這種變化稱為「級聯效應」（cascade effect）[3]，這就是在世界經濟論壇 2023 年的全球風險報告書中提到的氣候與自然系統的崩解風險 [4]。

越來越多的證據顯示，地球暖化的速度比預測更快，很有可能是因為不同臨界點之間存在著相互關聯。《自然》期刊上的一項研究梳理了這些關聯的邏輯，圖 1-2-9 是九個活躍的臨界點以及它們之間的可能關聯。

若仔細探究這些臨界點，會發現北冰洋處於啟動機制的初始節點。當前，北極地區冰帽規模已經降至 1 千年以來的最低點。

過去十年發現臨界點的相關證據
骨牌效應也受到討論

Ⓐ 亞馬遜雨林
頻繁的旱災

Ⓑ 北極海冰
面積縮小

Ⓒ 大西洋環流
1950年代以來越來越慢

Ⓓ 北方針葉林
火災與害蟲變化

Ⓕ 珊瑚礁
大規模死亡

Ⓖ 格陵蘭冰層
冰加速消失

Ⓗ 永凍土
融化

Ⓘ 南極西部冰層
冰加速消失

Ⓙ 威爾克斯平原
東部南極冰加速消失

圖 1-2-9　九個關鍵的生態系統臨界點及其相互關聯

資料來源：https://www.nature.com/articles/d41586-019-03595-0 [3]

　　北冰洋的結冰與融冰是溫鹽環流（海水因為溫度和鹽度驅動的全球洋流循環系統）的關鍵啟動機制，北冰洋冰帽縮小會導致地球周圍熱量分布的變化，可能會引發亞馬遜森林的崩潰、造成非洲薩赫勒（Sahel）地區近乎永久性的乾旱、擾亂亞洲季風、造成珊瑚大規模白化。若全球平均溫度升高達到攝氏 2 度，在海洋酸化和污染的共同作用下，99% 的珊瑚礁生態系將消失，代表海洋生物多樣性和人類生計的重大損失。南半球海洋迅速增溫，將伴隨著南極西部（陸冰）冰棚的解體，加速全球海平面上升，並可能將地球轉變為一種稱為「熱室地球」（hothouse earth）[5] 的新氣候體系。

即使全面崩潰的發生可能還要很長的時間，機率也不高，但就算僅逼近或達到某一個臨界點，也可能對氣候、生態和我們的生活造成重大衝擊。儘可能快速降低溫室氣體排放仍是必須的，這將可以為自然生態系統、人為社會生態系統與我們的後代爭取更多的緩衝時間與空間，有機會做好調適的準備，並減少暖化帶來的損失。

🌐 地球暖化 2.0 小百科

5,500 萬年前的氣候變遷

大約在 5,500 萬年前，全球溫度曾一度急遽攀升，在短短幾千年的時間裡暴漲了攝氏 5 ～ 8 度，並保持這個溫度達 17 萬年之久（如圖 1-2-b），這一空前的事件被稱為古新世－始新世熱最暖期（Paleocene–Eocene Thermal Maximum, PETM），經常被用作我們當前氣候危機的一個令人擔憂的類比。

這一事件背後的基礎尚無定論，相關的說法有彗星撞地球、海底甲烷釋放，或較多人認為的火山噴發釋放出了大量的溫室氣體加熱了地球。發表在《自然通訊》一項研究透過檢測火山沉積物中的汞元素和碳元素發現，火山活動的上升只是過程的開始，它後續為各個「碳庫」（carbon reservoir）和級聯效應的啟動創造了條件 [1]。

這些碳庫可能包括極地永凍土融化釋放的溫室氣體，以及從暖化的海底溢出的大量甲烷沉積物。因為在 PETM 的早期階段，測得汞含量顯著下降，證明了至少有一個來自非火山源的碳庫接管了暖化的主要作用，釋放大量額外的溫室氣體。

這地質紀錄與古氣候研究告訴我們，人類出現在地球上之前，臨界點與交互作用就已發生過。雖然目前我們距離 PETM 期間釋放的

1-2-4 以終為始：以後的世界長什麼樣？

　　「永續發展」的核心意涵就是未來世代擁有和我們至少一樣的生存發展條件，如果我們繼續高碳排放的日常運作，容忍氣候變遷繼續惡化，到了 2050 年，未來世代將活在什麼樣的世界？

　　溫室氣體總排放量還有一段距離，但今天人類製造的碳排放速率是過去的 10 倍 [2]，生態系統也已顯示諸多不穩定的跡象，提醒我們需及早面對與因應可能發生的巨變。

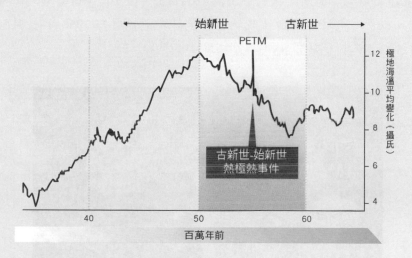

圖 1-2-b　PETM 時期的全球溫度反常

資料來源：https://news.mongabay.com/2006/01/climate-change-caused-major-disruption-to-past-ocean-currents

我們選擇的未來之路

在克莉絲緹亞娜・菲格雷斯（Christiana Figueres）和湯姆・里維特 - 卡納克（Tom Rivett-Carnac）合著的《我們選擇的未來：在氣候危機中倖存》（The Future We Choose: Surviving the Climate Crisis）一書中，作者向讀者提出了發人深省的問題：我們是眼看世界在燃燒，還是選擇做些必要的事情來實現不同的未來？[1] 隨後，他們概述了兩種不同的可能情況將會以何種方式發生：第一個是「我們正在創造的世界」（The World We Are Creating），即關鍵減碳目標並未實現，而接近 AR6 模擬的 SSP5-8.5 的化石燃料發展之路，2050 年全球平均溫度已經相比前工業化時代上升了 2 度左右。第二個是「我們必須創造的世界」（The World We Must Create），全球多邊合作成功地將全球增溫幅度在 2050 年限制在 1.5°C 之內，相當於 SSP1-1.9 情境中的世界。

圖 1-2-10　兩種世界的想像
資料來源：https://wired.me/technology/2050-year-in-review/

讓我們試著想像圖 1-2-10 的右圖：第一種世界，暖化真實地影響我們的感官、生活和生命。世界變得越來越熱，不可逆轉的暖化逾越了臨界點後，人們已經無法控制失控的升溫，在買不起空調設備的地方，生活與工作已經無法忍受，使得生產力下降，進一步加劇現存的不平等，而許多國家的基礎建設已經無法因應這樣的情境。北極的冰帽已經完全融化，剩下的森林已經很少，許多被砍伐，剩下的被燒毀，永凍土融化釋放大量的碳到溫室氣體已經過多的大氣中。

同時，在大部分開發中國家，空氣又熱又髒，空氣品質劣化，人們經常眼睛流淚、持續咳嗽。新鮮空氣成為奢侈品，打開手機查看當天空氣品質成為必備活動，空污紅色警告已經成為常態，戴上特殊設計的防空污口罩已經成為年輕世代出生後的日常。

在 5 到 10 年內，地球上的大片地區將越來越不適合人類居住。在全球平均升溫 2°C 的情況下，我們每年夏天都會經歷 2019 年那樣的極端熱浪。印度和巴基斯坦在 2015 年發生的致命熱浪造成 3,400 多人死亡，而且可能每年發生 [2]。到 2100 年，澳洲、北非和美國西部的宜居性是難以預料，但悲觀看待的問題。

圖 1-2-11　環保活動人士在紐約街頭進行示威抗議，象徵因為華氏 120 高溫造成中暑而亡

空氣中更多的水分和更高的海面溫度導致了極端熱帶風暴的激增。孟加拉、墨西哥、美國和其他地方的沿海城市的基礎建設遭受極端洪水的威脅，造成數千人死亡和數百萬人流離失所。在世界上其他地方的大城市和小島嶼，以前一個世紀才發生一次的極端洪水事件，現在每年都可能發生 [4]。

圖 1-2-12　登革熱病媒蚊有高度的氣象敏感性，隨著天氣越來越熱、夏季越來越長加上經常性（中央社提供）

我們必須創造的世界：遠離暖化威脅

複合式災害是未來的趨勢，也就多種災害同時發生，因此基本的食物和水的救援有可能需要數週，甚至數月的時間才能到達災區。瘧疾、登革熱、霍亂、呼吸系統疾病和營養不良等疾病十分猖獗。今天的人類從未接觸過的古老微生物從融化的永凍土中釋出，對不具抵抗力的人們造成重大威脅。由蚊子和蜱傳播的疾病在過去從未流行過的區域猖獗，因為氣候變遷他們蔓延到新地區，成為一種季節性流行疾病[4]。而且，隨著人口增加與溫度上升，還有前述的各種綜合效應，整體公共衛生危機加劇。

全球各地海平面普遍上升，位於低海拔地區的居民被迫遷居到地勢較高的地方，無法搬走的人只好住在淹水潮濕的環境中，與黴菌和病媒為伍，生病成為常態。保險公司因無法負擔巨災引起的重大損失宣布破產，全球金融與經濟秩序大亂。

土壤退化和氣候變遷平均減少全球 10% 的作物產量，在某些地區甚至減少 50%[4]。授粉昆蟲持續變少，影響全球 75% 以上的糧食作物，降低產量 [6]，更多人陷入飢餓風險中。全球氣候發生了變化，誕生了一些新的農業區域（阿拉斯加、北極），但有些過去的農業區已經乾涸停產（墨西哥、加州）。極端高溫讓一些城市或鄉鎮已經無法居住，成為空城。

水庫的蓄水量在乾旱的季節見底。生活在城市地區的人類中 4.1 億將經常面臨嚴重乾旱，50% 的人可能會面臨氣候引起的水資源壓力增加 [7]。政府對居民用水實施分配制，公共區域的飲水設備變成了投幣式，連洗手間的水龍頭都變成了收費設施。

這些都是我們不希望發生的狀況，但在暖化 2°C 的情況下，這就很可能發生，如果允許暖化持續，人類自己在 2050 年時也將成為氣候脆弱群體，下一代生活的核心將是維繫基本的生存需求。

當然，我們還是有樂觀的理由，期待 2050 年時，我們處於圖 1-2-10 的左圖的情境，也就是 SSP1-1.9 情境下的 2050 永續發展之路 [8]。因為，我們正在歷史的十字路口，擁有有史以來最完整的科學數據、最充分的公眾討論、日新月異的數位科技，與強力的政策倡議。

在這樣的情境下，世界越來越多國家轉向永續發展的途徑，在經濟發展的同時，也重視環境保護與社會共融發展，且因致力於永續發展目標與承諾的推動，國家之間與國家內部的不平等都減少了。另一方面，能源使用效率大幅提升，低碳能源取代化石能源，成為新時代的主流。

這就是「我們必須創造的世界」，大氣溫度穩定、空氣品質改善、科技運用順暢、基礎設施充足，資源循環利用，大家迎向一個更為安全宜居的世界，各國合作建構新時代的整體世界福祉。

世界上的若干發展脈絡正與上述的理想願景背道而馳，地緣政治與霸權爭奪（保衛）戰持續侵蝕著人們的生活穩定性，且氣候與生物多樣性也受到重大威脅。然而，保持希望，積極努力，才是讓未來發展的軌跡能夠更接近 SSP1-1.9，遠離 SSP5-8.5 的祕訣。

1-3 創造我們自己的機會

氣候變遷是正在發生的事實，人類對氣候造成的威脅無庸置疑，無論在大氣、海洋、生物圈和永凍圈等都有明顯變化。從 1980 年代以來，全球平均氣溫迅速上升，不尋常的天氣與氣候現象頻頻發生，使得氣候變遷突然成為世人矚目的議題，面對氣候變遷我們勢必得聽從科學家的警告和勸戒。

機會與命運，仍然掌握在我們自己手裡。圖 1-3-1 是 IPCC 發行的 AR6 中的一個未來可以發展的路線圖，像是個情境遊戲一般。我們如果在關鍵時刻採取正確的決策，就會逐步往上走到理想的狀況。反之，若繼續忽視警訊，為不作為找藉口，就會逐步往下走到「水深火熱」的末日情境。

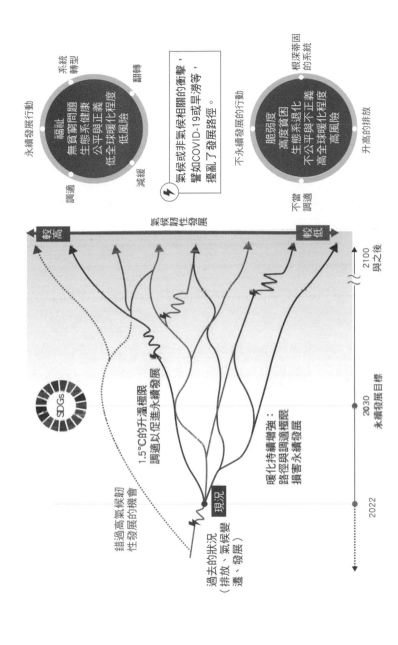

圖 1-3-1　從現在走向未來的可能路線與結局

資料來源：IPCC, AR6 (2021)

1-3-1 科學家的警告與勸世

2021 年 8 月 IPCC 發布 AR6，指出人類活動所產生的溫室氣體排放，已經造成地表升溫 1.07°C，未來極可能在 2040 年前超越 1.5°C 的升溫警戒線。人類對氣候造成的威脅無庸置疑，無論在大氣、海洋、生物圈和永凍圈等都有明顯變化。

氣候變遷是正在發生的事實！當氣候變遷大會（COP26）於 2021 年在英國格拉斯哥舉行時，英國主席夏瑪（Alok Sharma）表示，AR6 是迄今最嚴正的警告，人類的所作所為使全球暖化惡化，現在就要採取行動，否則將時不我予。

科學家對人類已經警告很久了

早在 1992 年，「憂慮的科學家聯盟」（Union of Concerned Scientists, UCS）即發出第一篇《世界科學家對人類的警告》，共有 1,700 多名世界頂尖科學家連署，其中包括多位諾貝爾科學獎得主。內容寫道：「人類與自然世界正處於碰撞的軌道上」、「人類活動對於環境造成嚴重及不可逆的破壞，若要避免將帶來的衝擊，必須有根本性的改變」。並說明環境中的大氣、水資源、海洋、土壤等所承受的嚴重壓力，呼籲大眾做出重大改變以避免災難發生，其中包括停止濫伐、有效使用能源、穩定人口等等 [1]。

25 年後，《世界科學家對人類的警告：第二次通知》於 2017 年發布，由美國奧瑞岡州立大學（Oregon State University，OSU）的生態學教授威廉·里普蘭（William J. Ripple）與其他 7 位作者共同撰寫，共有 1 萬 5 千多名科學家簽署。他們回顧第一篇警告後的 20 餘年人類的反應，發現除了穩定臭氧層有所建樹之外，對於其他問題，人類並沒有做出足夠的改變，甚至還持續惡化。最讓研究者不安的二個事實是：「燃燒化石燃料、濫伐森林、農業生產造

成的溫室氣體排放量明顯上升」，以及「物種的滅絕」。科學家在這篇警告中提出了多個建議，再次呼籲大家做出改變 [2]。

2017 年的地球日，美國的科學家們在首府華盛頓舉行了「為科學遊行」（March for Science），全球超過了 600 個城市響應。該遊行象徵科學家團結起來為科學發聲，反抗當時反對氣候變遷論述與行動的美國政府，並認為總統川普以政治反對氣候科學。此次遊行的議題包括鼓勵基於實證的政策規劃、反對縮減政府提供的科研經費、提升政府的透明度，以及政府接受氣候變遷和演化論作為科學共識的態度。參與者強調沒有替代方案，要求川普正視氣候危機。本次遊行也被視為美國科學界日趨積極參與政治活動的表現 [3][4]。

2019 年 11 月，瑞波（Ripple）教授與其他 4 位作者共同發布了一篇聲明《世界科學家警告氣候緊急狀態》，有 11,000 多名世界各地的科學家共同簽署。說明科學家有道德義務向人類發出任何災難威脅的明確警告，並「如實告知」[5]。2021 年更針對了 2019 年的聲明再發出新的呼籲《世界科學家對 2021 年氣候緊急狀態的警告》，關注 31 個全球生命徵象（planetary vital signs）的趨勢，包含食物、亞馬遜森林、能源使用、溫室氣體與全球升溫等等。作者提到，需要停止將氣候緊急狀態視為一個獨立的環境問題，而減緩氣候危機的政策應側重於解決根本原因，就是地球的過度開發，並對此提出需要根本改變的六個領域 [6]。

2022 年的新版本則指出，關於氣候變遷的 35 個全球生命徵象中有 16 個已經到達創紀錄的極端狀況，人類已經明確面臨氣候緊急狀態。除了極端高溫事件頻率增加、病媒蚊引發的登革熱流行率增加、森林火災降低全球森林覆蓋率等眾人熟悉的事實之外，報告也說明在疫情較為平緩後，化石燃料的消耗再度增加，大氣二氧化碳濃度上升到 418ppm 以上，比 1992 年上升了 40%[7]。

圖 1-3-2　全球逾 600 城市響應「為科學遊行」活動，圖為德國柏林遊
　　　　　行（AP Photo/Markus Schreiber）

參考資料：[4]

　　作者群也拍攝了一部紀錄片「科學家的警告」（The
Scientists' Warning），紀錄全球科學家的氣候行動。

幾度那麼重要嗎？

　　回到 AR6 來看，1.5°C 為何取代 2°C，成為關鍵目標？在 2015
年的巴黎協議中，聯合國氣候變遷框架公約（UNFCCC）的參與
國達成的共同目標是「將全球平均氣溫控制在遠低於比工業化前高
2°C 以內，並追求努力將溫度升高進一步限制在 1.5°C 以內」，當
時這個目標是如何確定的呢？

　　實際上，2°C 不是一個基於科學的數值，而是在政治談判中產生
的數字，它可以追溯到 1975 年經濟學家威廉‧諾德豪斯（William
Nordhaus）根據直覺提出的判斷 [8]。至於 1.5°C，則是小島國家聯

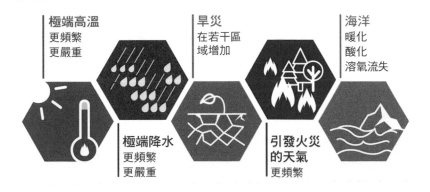

圖 1-3-3　科學家觀察到氣溫上升產生許多狀況
資料來源：IPCC, AR6(2021)

盟與環保人士提出的主張與呼籲，認為應設定更嚴格的標準，提高大國的警覺與壓力。然而，2015 年巴黎協定通過時科學家們發現，就算各國都履行了減碳承諾，全球仍將發生 3.2°C 的升溫[9]。

2018 年，IPCC 發行了《全球暖化 1.5°C》的特別報告[10]，終於以系統性的科學解釋讓人們意識到，2°C 和 1.5°C 的升溫意味著什麼。即使全球平均升溫穩定在攝氏 1.5°C，全球還是會更頻繁地出現極端高溫；若平均升溫達 2°C，極端高溫的強度會以倍數成長，並夾帶複合性極端天氣事件。

面對極端天氣，除了氣候災害以外，農業與糧食首當其衝，氣溫上升對人類飲食結構影響甚大。IPCC 2019 年發布的《氣候變遷與土地報告》即指出全球玉米、小麥和大豆的平均產量在氣候變遷的影響下，已經平均減少了 4%，如果不採取有效的因應措施，到了2050 年，氣候變遷將導致全球糧食產能下降 5% 至 30%[11]。

IPCC 在 2022 年發布了 AR6 第二工作小組報告——《衝擊、調適與脆弱度》，在其中說明了許多新發現的科學證據，廣泛地說明了氣候、生態系統和生物多樣性和人類社會之間相互依存的關係，以及氣候變遷對於人類的負面衝擊，包括生物多樣性喪失、整體自然資源非永續消費、土地和生態系統退化、快速城市化、人口變化、社會和經濟不平等和流行病[12]。同年 IPCC 也發布了 AR6 第三工作小組報告—《氣候變遷的減緩》，提供了一些減緩氣候變遷的解方，強調減緩、調適與永續發展之間的連結，評估有關制度、政策、金融、創新與治理各類知識，在永續發展脈絡下，可有助於減緩氣候變遷。報告也十分強調，不同經濟發展階段的國家應採取不同的減碳路徑，相應的風險及機會也因國家及地區而異[13]。

和過去說再見：冰河死亡紀念碑

2019 年 7 月位於冰島西部火山頂部的 Okjokull 冰川（簡稱 Ok 冰川）成為首條失去冰川身分的冰島冰川，冰島政府為其立碑，碑文底部標註了日期與當時的大氣二氧化碳濃度：415ppm CO_2。墓碑提字的標題為：「給未來的一封信」，提醒大家應該具體積極因應這樣的危機，避免類似的悲劇接續發生[14]。

圖 1-3-4　冰島 OK 冰川遺跡紀念碑
（歐新社／達志影像）
資料來源：[14]

1-3-2 拯救全球的技術路線圖

國際能源署（IEA）在 2021 年 5 月發表了第一份全球能源系統達到淨零排放的預測路徑分析報告— 2050 淨零：全球能源部門路徑圖（Net Zero by 2050: A Roadmap for the Global Energy Sector），盼有助各國制定能源相關政策。報告分析達到減碳目標需要的行動和時程、低碳技術的發展、對經濟和能源產業、全球自然資源開採、能源安全等不同面向的影響。以目前各國的政策和減碳進度，要達成淨零排放目標難度很高 [2]。

國際能源署設定 2050 淨零排放路線圖

為了將全球溫度上升幅度控制在 1.5°C 內，IEA 設定了目標 2050 淨零排放路線圖（圖 1-3-5），重點包括：

(1) 2025 年：在潔淨能源的投資需增加兩倍以上，提升潔淨能源比例也帶來經濟與工作機會。

(2) 2030 年：推動潔淨能源創新，從生活中減少大部分二氧化碳排放。

(3) 2035 年：擺脫化石燃料；淨零也意味著煤炭、石油與天然氣使用量必須大幅下降。例如；2035 年停止銷售新型內燃機汽車，2040 年逐步淘汰燃煤電廠和石油電廠。

(4) 2040 年：全球發電需實現淨零排放。

(5) 2045 年：新能源技術普及例如，大多數汽車將依靠電力或燃料電池運行、全球多數工廠和企業將使用碳捕獲等技術。

(6) 2050 年：潔淨能源世界，它還需要各國加強國際合作，特別是確保發展中國家擁有達到淨零排放所需的資金和技術。

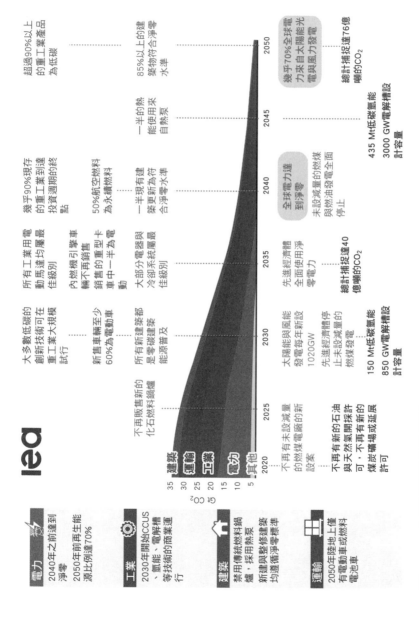

圖 1-3-5　全球淨零排放路徑圖　　資料來源：IEA, Net Zero by 2050

上述的淨零路線圖在報告中歸納為「2050 淨零排放情境」（Net Zero Emissions by 2050 Scenario, NZE）。若以「既有政策情境」（Stated Polices Scenario, STEPS）和「宣示目標情境」（Announced Pledges Case, APC）分析 2050 年的實況，發現距離淨零排放目標差距甚大（圖 1-3-6），前者以各國已完成立法的減碳目標來估算未來的碳排放；後者假設那些已宣示但未完成立法的目標均實現，當然比既有政策要理想得多了，但無法保證必然發生。

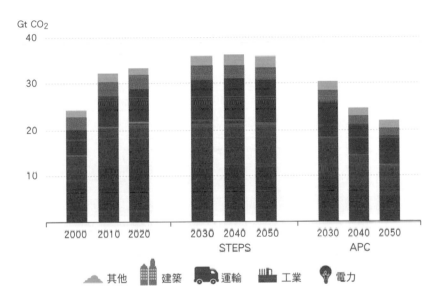

圖 1-3-6　在既有政策情境（STEPS）和宣示目標情境（APC）下的未來碳排放預測

資料來源：IEA, Net Zero by 2050wipe-out-life-on-earth-156241

各國溫室氣體減量是關鍵

全球溫室氣體排放量持續攀升[3]，如圖 1-3-7。2020 年 COVID-19 疫情，造成全球空運與海運等運輸業大停擺，但這僅僅只能使全球溫室氣體排放量短暫下降，若不計土地使用變更與森林（Land Use, Land Use Change and Forestry, LULUCF）的碳排放，2021 年的全球碳排放已經上升到 52.8 Gt CO_2-e（Gt 為 10 億噸），高於疫情前的 2019 年的 52.6 Gt CO_2-e 了。空運和船運每年排放 20 億噸 CO_2-e，占全球總排放量的 5%，而且有逐年增加的趨勢。聯合國環境署（UNEP）預估，若維持現在的趨勢發展的話，到 2050 年將可能消耗 60 ～ 220% 的 1.5°C 碳預算！全球運輸業不僅要提升能源使用效率，還必須徹底脫離化石燃料和轉型，才能達到減碳[4]。

「減碳」僅是減少二氧化碳的排放嗎？

為了對抗氣候變遷，我們能夠控制的是「額外人為溫室氣體排放」，也就是排除自然背景之外的人為排放。這些能夠造成額外溫室效應的溫室氣體不僅有二氧化碳，還有甲烷（CH_4）、氧化亞氮（N_2O）與其他含氟氣體。不同的氣體依其化學性質與在大氣中停留的時間，可以全球暖化潛勢（GWP）代表其造成溫室效應的能力。表 1-3-1 列出主要的溫室氣體的 GWP 與來源，若以 100 年的全球暖化潛勢（GWP）折算為二氧化碳當量（CO_2-e），目前所有「碳排放」之中，74.4% 來自二氧化碳，其次是甲烷（CH_4），占了 17.3%；氧化亞氮（N_2O）占 6.3%，而含氟氣體的總和約占 2.1%[7]。

UNEP 於 2021 年出版了《全球甲烷評估報告》，指出需從畜牧、化石產業下手，以快速降低甲烷的排放。2021 年在 COP26 通過的格拉斯哥協議也明確標舉各國應該正視甲烷減量工作。若各國政府及重點產業傾全力減少甲烷排放量，全球將有潛力於 10 年內，降

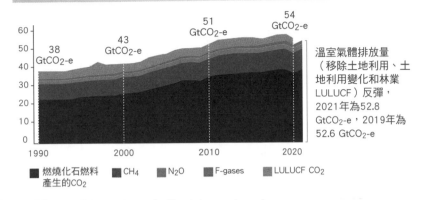

總溫室氣體排放量 1990-2021 (GtCO$_2$-e/年) Gt：十億噸

51 GtCO$_2$-e

54 GtCO$_2$-e

38 GtCO$_2$-e

43 GtCO$_2$-e

溫室氣體排放量（移除土地利用、土地利用變化和林業 LULUCF）反彈，2021年為52.8 GtCO$_2$-e，2019年為 52.6 GtCO$_2$-e

■ 燃燒化石燃料產生的CO$_2$　■ CH$_4$　■ N$_2$O　■ F-gases　■ LULUCF CO$_2$

圖 1-3-7　化石燃料增加是造成全球溫室氣體不斷攀升的原因

資料來源：UNEP, Emissions Gap Report 2022

低 45% 甲烷排放量，隨著甲烷排放減量，可望於 2040 年以前便阻止氣候暖化 0.3°C。要達到巴黎協定的世紀末升溫 1.5°C 內的目標，亦即對應 2050 淨零排放，這樣的降溫途徑有其必要 [8]。

氧化亞氮，或稱「一氧化二氮」，主要來源是農業活動，比例約為七成，其餘三成則來自廢污水處理、化石燃料的燃燒、化工製程等。人們在農業革命之後，大量使用氮肥，破壞了全球氮平衡，氧化亞氮大量由土壤中的硝化作用等釋出，累積為影響力僅次於二氧化碳與甲烷的溫室氣體排放。2020 年在《自然》（Nature）期刊發表的一篇論文表示，過去 50 年以來，氧化亞氮在大氣中增加的速度居各溫室氣體之冠，且由於其 GWP 將近 300，若不努力削減其排放，將可能在本世紀末造成全球溫度升高 3°C [9]。

除此之外，另一個關鍵溫室氣體為氫氟碳化物（HFCs），是人工合成的化學物質，原本並不存在於自然界當中，雖然不傷害臭氧層，卻是全球暖化殺手，可以在大氣層裡面存留長達數千年的時間。

表 1-3-1 各溫室氣體資訊

溫室氣體 （Greenhouse Gas, GHG）	全球暖化潛勢 （Global Warming Potential, GWP）	排放來源
二氧化碳 CO_2	1	燃燒化石燃料、砍伐（燃燒）森林
甲烷 CH_4	28	反芻動物（如綿羊和母牛）、垃圾填埋場產生排放、煤礦開採
氧化亞氮 N_2O	265	燃燒化石燃料、農作物的肥料使用和牲畜肥料使用過程排放
氫氟碳化合物 HFCs	4～124000	滅火器、噴霧劑、冷氣、製冷設備排放
全氟碳 PFC	6630～11100	半導體、鋁產業排放
六氟化硫 SF_6	23500	電力開關設備、半導體、鎂製品
三氟化氮 NF_3	16100	面板、太陽能電池

重彙整自：https://www.thenewslens.com/article/152741、https://csr.cw.com.tw/article/41933

1-3-3 一場全面變革

自從 1988 年 IPCC 成立以來，氣候變遷持續在科學家的呼籲、國際政經博奕、和大自然的無情鋪陳間交互迴盪。現在氣候變遷已經明確地定義為「緊急狀態」，2050 淨零排放也成為無法迴避的全球目標。從耳熟能詳到老生常談的「節能減碳」、「大眾運輸」、「蔬食減塑」，對大多人而言，已經失去了明顯的意義。甚至有不少人，已經放棄了對抗氣候變遷的努力。

事實上，正因為情勢嚴峻，我們需要與以往不同的全面變革。也就是說，我們需要系統性的改變。從國際、國家、企業到個人，回應到全球氣候系統的碳預算，充分運用科學技術、管理策略與有效溝通，讓人類社會真正往永續的方向走去。

人們越來越重視氣候變遷的衝擊

雖然聯合國體系持續呼籲各國與企業重視氣候變遷，但並非各國民眾或不同利害關係人都有一致的看法。美國是全球非常重要的工業化國家，不僅排碳量高，政治與經濟影響力更無他國可出其右。然而，在美國的民主共和兩黨的政治脈絡中，演化出對於氣候變遷看法的兩極化現象。2016 年 11 月，在巴黎協定終於生效的 4 天後，川普當選美國總統，隨即宣布退出巴黎協定。川普也是美國民眾選舉產生的總統，由此可見美國民眾對於氣候變遷看法的分歧。美國耶魯大學（Yale University）與喬治梅森大學（George Mason University）氣候變遷傳播中心合作，從 2008 年開始調查美國民眾對氣候變遷議題的看法。在 2020 年的調查顯示，有 66% 美國人對氣候變遷的衝擊擔憂，確信氣候變遷存在者超過 50%，已為歷年來新高 [1]。

若與全球對比，在 2021 年初，聯合國公布一項關於民眾對氣候

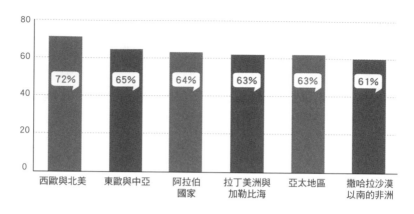

圖 1-3-8　各地區公眾對氣候緊急狀況的相信程度
參考資料：[2]

變遷的看法研究，調查結果發現，人們普遍認為氣候變遷是正在發生的問題，需要盡快解決，並且認為政府應該採取比現今更有力的氣候政策，例如盡快開發再生能源、保護森林與土地等等。在調查的樣本中發現，年輕的民眾（尤其是 18 歲以下）認為氣候變遷是緊急狀況的比例較高，但 18 歲以上的各年齡組也多數認同氣候緊急狀況，圖 1-3-8 為各地區公眾對氣候緊急狀況的看法 [2][3]。而在 2022 年，我國也有一份調查臺灣民眾的氣候變遷素養報告發布，結果與聯合國在今年初發表的報告相似，我國 94.8% 的民眾同意氣候變遷已經發生，絕大多數民眾也認為我國應該要強化氣候變遷的相關作為 [4]。

國家是貫徹自我減量貢獻的關鍵力量

2015 年通過的巴黎協定規範了締約國共同努力控制全球升溫幅度 2°C 以內，且最好能控制 1.5°C 之下，並規範各締約國提出自身的「國家自訂貢獻」計畫（National Determined Contribution,

NDC，詳見第 138 頁）以共同減少溫室氣體排放。另外，不同的國家根據自身的情況制定減少溫室氣體的排放，並且相互合作，如向脆弱度較高的國家提供資金援助等，共同為降低溫室氣體排放努力。

前面章節曾經述及，美國總統川普對於因應氣候變遷的不作為使得巴黎協定所規劃的全球減碳進度遲滯不前。拜登當選美國總統後，美國重返全球因應氣候變遷的舞台，促成了 2021 年格拉斯哥會議通過的一系列決議，與世界眾多國家響應全球 2050 淨零排放的局勢發展。然而，COP26 呼籲各國更新 NDC，以達成 2030 年全球碳排放量比 2010 年降低 45% 的目標，在 COP27 卻僅有不到 30 個國家繳交 [5]。各國是否認真面對挑戰，仍值得觀察。我們在後面章節中有較為詳細的討論。

企業參與才是全球減碳的真實動力

企業是全球溫室氣體排放的一大來源。《衛報》曾經在 2017 年報導，全球僅 100 家公司就占全球排放量的 71%[6]，他們更在 2019 年揭露，全球溫室氣體排放量的三分之一與開發化石燃料的企業有關 [7]，證明了企業對帶來多麼巨大的溫室氣體排放量，同時也顯示企業必須為減緩氣候變遷做出積極有效的努力。

之前我們曾討論過，應以永續發展的角度看待氣候變遷議題，而經濟的力量才能構成系統性的變革。氣候變遷目前已經成為大企業必須正面因應的議題，因為在減緩方面受到政府、國際供應鏈，還有各類自願倡議和永續評比的約制，不僅影響 ESG 績效，也真實造成營運的系統性風險。國際大品牌商宣告淨零排放目標後，其供應鏈就面臨非常急迫的減量壓力。過去國際企業對氣候變遷的思維偏向「關切氣候議題可以讓公司形象更好」，逐步演變為「必須

因應氣候變遷才能夠維繫公司營運與形象立於不敗之地」，再成為「因應氣候變遷成為公司生存的關鍵」。

無法配合企業達到減碳目標的供應鏈產業將被淘汰，而企業為了減少碳足跡，也會開始改變採購模式，轉型成在地或是向綠色貿易自由度較高地區採購。但是，未來全球產業鏈可能會傾向跨國企業，因為淨零碳排的技術多掌握在資本較雄厚的企業手中，同時在綠色產業鏈中，掌握較多先進技術的企業會占據極大的優勢地位[8]。企業轉型時，除了企業需具備轉型時的資產能力外，組織成員對於轉型的認知最為重要。在 2022 年一份調查臺灣企業人員對於氣候變遷的知能現況顯示，無論公司規模大小，企業人員高度認同氣候變遷正在衝擊臺灣的企業營運，例如國際碳定價趨勢。然而，企業人員在高度認知企業營運需開始考量氣候風險同時，卻較無協助企業做出氣候變遷因應對策的能力[3]。企業轉型不會是一件容易達成的目標，必須付出巨大的努力達成。

關於企業與氣候變遷的互動與關聯，將在第 3 章中有較多討論。

你我都是促成改變的重要關鍵

在國家與企業均不得不面對氣候變遷，做出必要的調整的情勢下。一位希望世界能夠邁向永續發展的公民該如何呢？

首先，我們應該支持所有能夠讓人們擺脫對於化石燃料依賴的作為，包括取消化石燃料補貼的政策。當然，這也就代表我們得接受較高的能源價格，包括油價與電價。此外，應以公民身分監督具有公權力的政府的氣候相關政策，確保政府的政策有效且連貫。其中，避免社會被化石燃料主導的基礎建設綑綁，則是非常關鍵的政策焦點。

此外，如同科學家們堅持氣候變遷的科學事實，我們也需尊重科學導向的氣候行動，以科學為基礎探究低碳能源與生活，並且擺脫政治意識形態的干擾。由於企業必然會傾向標榜有積極的氣候因應作為，然而我們亦需關注是否企業是否有「漂綠」的狀況。經常可以聽到與看到的各類關於食衣住行育樂的低碳作為，隨著科技的進步將更有創意與效率，我們應與時俱進，讓自己成為促成大系統改變中的關鍵驅動因子。

1-3-4 撤離地球的 B 計畫：Plan B or Planet B

Plan B（B 計畫）通常指的是：若主要作戰計畫面臨徹底失敗的可能性，為保留最基本的關鍵資源或生機，小部分成員使用特殊方式撤離戰場的計畫 [1]。在一些電影中，我們可以看到有些大型太空戰艦在最後關頭釋出一個小逃生艙，讓關鍵人物帶著重要資料或生物樣本逃出，即為一例。

雖然沒有人希望走到那一天，但在人類對抗氣候變遷的戰役中，若面臨全面潰敗的局面時，我們有 B 計畫嗎？

尋找宇宙中的適居行星

自太空科技發展以來，人類對地球以外的未知領域探索一直都在進行，尋找地球以外的適居行星也是探索的方向之一，除了尋找在這廣大的宇宙中是否有地球以外的生命以外，找尋適合人類移居的星球也是目的之一。

與我們較近的太陽系行星自然是首要的搜尋對象，科學家以水等生命必要元素為基礎探究行星與衛星，發現譬如土衛六大氣層中具有大量甲烷，火星與木衛二有水與冰存在的證據等。近期美國 NASA 已經正式啟動火星載人計畫，預計於 2035 年前實施，而

SpaceX 等私人企業也有開拓火星基地的計畫。當然，太陽系以外的「系外行星」也是探險的對象 [2][3]。

圖 1-3-9　木衛二上的水氣想像圖
參考資料：[2]

移民外星的可能性

電影《星際效應》中描述了地球因為嚴重的氣候變遷，造成全球糧食產量下降，地球環境也漸漸不再適合居住，因此幾位太空人便出發尋找太空中其他適居星球的科幻故事。而現今，尋找適合移居星球的研究如火如荼的進行，太陽系內的部分行星與衛星已被證實含有生命誕生的幾項元素，除此之外也在太陽系外探索中發現許多行星的蹤跡，其中不乏有「疑似」具備生物生存條件的星球。但以人類現階段的條件來說，我們不具備進行太空移民的能力 [4]。

目前，發現距離地球最近的適居系外行星是位於 4.2 光年外的「比鄰星 b」，但以現在的太空科技，並無法知道比鄰星 b 有多「適居」，且若以目前離開地球最遠的探測器「航海家號」來看，航海家的兩艘探測船需要 3 萬年才能到達該星球附近 [5]。若將目光放在太陽系內，近年科學單位或民間企業接聚焦於離我們最近的火星，然而事實上火星並不「適居」，我們需要花費巨大時間與成本，才能設置人類可以生存的空間。在眼前可以看到的短時間內，要達成這任務相當困難。既然目前的人類不具太空移民的能力，我們必須認真地回頭面對地球現階段面臨到的問題，並妥善解決 [6]。

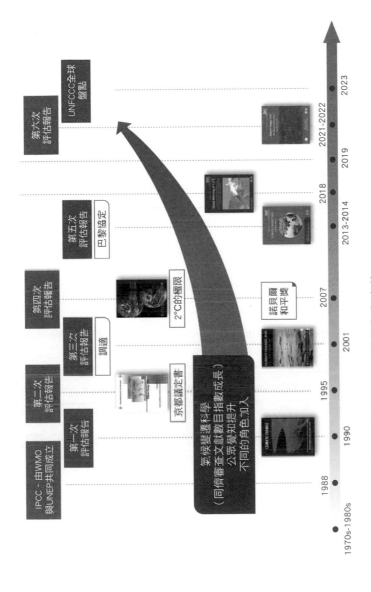

圖 1-3-10　IPCC 自 1988 年以來的關鍵作為與文件

參考資料：[7]

從 A 計畫走到 B 計畫

圖 1-3-10 為 1988 年 IPCC 成立以來，聯合國體系的各種努力，包括 1992 年建立《聯合國氣候變化綱要公約》、1997 年通過《京都議定書》、2015 年通過《巴黎協定》、2021 年通過《格拉斯哥氣候協定》等等。這些與包括現在全球正在積極從事的 2050 淨零排放目標等，都是屬於「A 計畫」的一部分 [7]。

在 2008 年，美國環境分析化學家和科普作家萊斯特·布朗（Lester Brown）認為地球已經走到危機臨界點，提出了氣候變遷 B 計畫。他同時提出 B 計畫的四個前提目標，且任何一個沒有達到，整個 B 計畫就全盤潰敗 [8]。這 4 個目標為：

1. 在 2020 年以前，減少 80% 的碳排放。

2. 穩定維持人口不超過 80 億。

3. 消除貧窮。

4. 恢復地球的自然體系，包括森林、土壤、草原、地下水層與漁場等。

當時萊斯特·布朗認為人類必須在 2020 年之前削減 80% 碳排放，控制大氣二氧化碳濃度不超過 400 ppm [8]。然而，這個門檻在 2013 年就被超越了，現在大氣二氧化碳濃度的平均值已經超過 420 ppm，可以說當年提出的 B 計畫徹底失敗了。

地球工程（geoengineering）多年以來一直是科學界與工程界想要執行的 B 計畫，嘗試透過改變大氣成分、運動模式，甚至輻射量，希望減緩全球氣候變遷的趨勢，是一種人類利用現代科技大規模影響地球環境與氣候的工程學 [9]。大家能夠理解的作法包括「二氧化碳移除」（carbon dioxide removal, CDR），也就是現在正在研發中的碳捕捉、利用與封存（carbon capture, utilization, and storage, CCUS）的概念，但是需要克服選址、碳平衡與成本過高等障礙。此外，「太陽輻射管理」（solar radiation management, SRM）也受到較多討論，譬如在大氣層外裝設數萬個鏡子，將太陽輻射反射回太空這樣的想法。各類地球工程的想法多半無法落實設計與實施，也有許多科學家主張這並非有效的解決方案[10]。電影《氣象戰》就使用了上述的概念，想像未來的「氣候衛星網」控制著全球的天氣，但也展示了系統受到病毒感染與人為破壞後，衍生的大規模慘劇[11]。人類與其想要控制天氣，不如務實減碳。

有一個英國的環保倡議組織，即以 Plan B 作為其組織名稱，支持策略性的法律行動，以應對氣候變遷。其核心主張包括碳預算的公平分配、氣候變遷損失與損害（loss and damage）的污染者責任、對調適與減緩技術的大規模投資、對氣候受害者的有效補償與保護等[12]，著眼於社會與法律面的架構建立，以避免 Plan A 的提早出局。

隨著時間往前走，人類累積排放的溫室氣體越來越多，氣候變遷的威脅持續擴大。人類必須全力執行現有的 A 計畫，且務實規劃 B 計畫。也許我們還記得，近年世界經濟論壇的全球風險報告都列舉了一個發生機率極高的風險：氣候行動的失敗[13]。

圖 1-3-11　電影《氣象戰》中的氣候衛星網
參考資料：[11]

第 **2** 章

世界警鐘大響：
國際到在地的翻轉與雜訊

氣候變遷的衝擊不分對象，
但不同群體的影響力與承受力卻天差地別。
令人擔憂的是，每當人們終於決定努力轉型，
基於經濟利益、政治算計或因怠惰消極
而起的反面力量不能視而不見。
因此，面對現實挑戰，
要找到有效路徑，才能讓情勢開始反轉。
在氣候警報下與詭譎多變的國際情勢中，
臺灣面臨的關鍵挑戰為何？
從全球看臺灣，能更清楚客觀。

就算地球氣候已經進入緊急狀態，全球各國的碳排放量仍逐年增加。在全球經濟發展的驅動下，未曾間斷進入大氣層的溫室氣體讓大氣二氧化碳濃度持續攀高。聯合國宣布了 2050 淨零排放目標，但每年的氣候會議又讓目標再次妥協。如果氣候變遷將主宰永續發展，那麼人類的命運就是在談判桌上決定的。

從國際到在地，從工業化國家到開發中國家，從企業到個人，從主導世界發展的大人們到年輕世代，從主流國家到少數民族，縱使氣候變遷的衝擊不分對象，但不同群體的影響力與承受力卻天差地別。每當人們終於決定努力轉型，反面的力量就會毫不留情地扯後腿。這些基於經濟利益、政治算計或因怠惰消極而起的逆流，我們不能視而不見。我們必須瞭解因應氣候變遷需面對的現實挑戰，才能找到有效路徑，讓情勢開始反轉。

在這大聲響起的氣候警報下與詭譎多變的國際情勢中，臺灣面臨的關鍵挑戰為何？我們是全體人類的資產還是負擔？我們的因應作為夠積極嗎？從全球看臺灣，能更清楚客觀。

2-1 出來面對：告訴虛偽的大人們！

在氣候變遷越來越嚴重，全球地表溫度越來越高的年代，世代間的不平等和矛盾成為直接上映的現實情節。因為很明顯地，現在糟糕的環境與持續惡化的氣候並不是年輕世代造成的，而是 100 多年以來「大人」們在工商發展過程中恣意使用化石燃料，且不聽各方勸告造成的無助情境！

國際特赦組織曾於 2019 年針對 22 個國家、超過 10,000 名的年輕世代（Z 世代）進行《人類大未來》（Future of Humanity）調查，共 41% 的受訪者認為氣候變遷是全球面臨最重要的議題。當時的

秘書長庫米・奈杜（Kumi Naidoo）表示：「世界各國的領導人，若無法採取更多有效行動來處理氣候變遷危機，將讓他們和年輕世代的理念脫節或背道而馳。」[1]。

　　這就是聯合國在 1980 年代倡議「永續發展」時，希望能夠遏止發生的情況，但我們正無奈地目睹與經歷。「大人」們的消極行為讓年輕世代失望，他們便只能運用自己有限的權力，走上街頭為自己的未來發聲。

2-1-1 Z 世代的末日感

　　一般而言，Z 世代指的是 1995 到 2010 年之間出生的人們。他們成長於千禧年之始，從小廣泛接觸網路資訊，也直接面臨氣候變遷的重大威脅。此外，他們普遍接受較高程度的教育，具有比「長輩」們更開放與多元的人格特質，不受傳統框架的束縛，且思考與行動更為務實。面臨挑戰時，傾向更直接地表達自己的意見，無論在網路世界或真實世界。

圖 2-1-1　Z 世代
資料來源：[2]

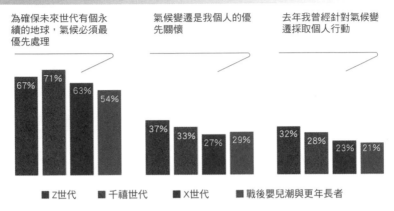

成年美國人「這麼說」的百分比

為確保未來世代有個永續的地球，氣候必須最優先處理

67% 71% 63% 54%

氣候變遷是我個人的優先關懷

37% 33% 27% 29%

去年我曾經針對氣候變遷採取個人行動

32% 28% 23% 21%

■ Z世代　■ 千禧世代　■ X世代　■ 戰後嬰兒潮與更年長者

圖 2-1-2　不同世代的美國人對氣候變遷的看法

參考資料：[5]

目前 Z 世代在全球的人數已經超過 20 億，部分已經投入職場。在全球面臨 2050 年淨零排放目標與 2030 年減碳階段目標的未來 20 餘年，正是他們成為勞動市場主力的年代 [2]。他們也將成為這嚴酷的氣候賽局中的關鍵角色。

氣候變遷引發焦慮

在 2021 年初，從聯合國公布的關於民眾對氣候變遷看法研究中發現，現今民眾普遍認為氣候變遷正在發生，且年輕民眾更認為現在正處於氣候緊急狀態 [4]。

美國皮尤調查中心則發布了一項美國人從事氣候行動的調查結果，發現 Z 世代與千禧年世代討論氣候變遷議題的比例高於前幾個世代，且相較於 X 世代與戰後嬰兒潮世代，他們認為氣候變遷應為更優先考慮的議題，其中，Z 世代對氣候變遷的行動更為積極，對氣候變遷也感到更焦慮 [5]（圖 2-1-2）。

相較之下，臺灣 Z 世代對氣候變遷議題關注程度較低。根據環境部（當時為環保署）2021 年的調查，各級學校學生幾乎都聽過氣候變遷，但瞭解程度不高，且普遍缺乏行動意願 [6]。此外，根據 2022 年針對全國民眾的調查顯示，年輕的民眾更瞭解氣候變遷，但氣候行動的參與意願則恰好相反。這現象可能與臺灣的教育制度所導致的行動困境，包括升學考試壓力與家長態度有關 [7]。

根據 BBC 的報導，英國巴斯大學與其他機構合作調查指出，超過 45% 的青年（16 ～ 25 歲）感受到氣候變遷影響到他們的日常生活，更有四分之三的青年認為沒有未來，地球將會毀滅 [8]。事實上，這種末日感與很多因素相關，「氣候通膨」就造成具體的生計壓力。長時間乾旱或突發的暴雨等日漸頻繁的極端天氣影響世界糧食的供給穩定，就會提高糧食價格 [9]。聯合國糧農組織（FAO）即根據統計表示，2020 年世界糧食價格相較前一年多出了 31%[10]，氣候與疫情均扮演了重要的角色。

以具體行動表達訴求，不再任由大人主導未來

Z 世代懂事以來，便長期在媒體看到聽到氣溫破紀錄、暴雨成災、冰川溶解等各種氣候變遷相關的新聞，這些共同記憶當然造成他們的憂慮。他們具有比上一代更不受框架束縛、勇於表達的特色，於是許多 Z 世代面對氣候危機選擇站出來表達意見 [11]。

聯合國氣候變化框架公約在第六條「氣候賦權行動」（Action for Climate Empowerment, ACE）中明確說明要促進青年參與氣候變遷相關行動，包含教育、培訓、公眾意識、公眾參與、資訊獲得以及與國際合作 [12]。聯合國承認的氣候青年組織「YOUNGO」便透過政策遊說、相關知識推廣、網路擴散、宣傳、街頭行動等等方式來參與氣候變遷的議題 [13]；除了國際組織以外，也有 Z 世代的

青年從個人行動開始，表達自己對氣候變遷的訴求，如格蕾塔．童貝里（Greta Thunberg）發起的氣候罷課行動，呼籲政府重視氣候變遷的問題並盡快做出應對，她的行動也讓全世界各地重視氣候變遷的青年開始響應[14]。

童貝里是來自瑞典的知名氣候青年活動家，自 2018 年的「為氣候罷課」行動後，便積極參與氣候變遷相關的活動，經常在全世界各個與氣候變遷相關的重要會議、活動中現身，儼然成為關心氣候變遷的 Z 世代中，具有代表性與象徵性的一位人物。她在 2018 年的聯合國氣候變遷大會（COP24）上演講，控訴大人們對氣候變遷漠不關心的態度，使得年輕人的未來被剝奪。在演講上，她使用了強而有力的措辭，控訴「你們怎麼敢？（How dare you?）」，吸引了全球的目光[15]。

圖 2-1-3　童貝里與青年們共同參與氣候行動
參考資料：[16]

2019 年，時代雜誌以這位年輕的氣候活動家作為封面人物，並入選了該本雜誌「影響世界的一百位名人」，圖 2-1-4 童貝里成為時代雜誌封面人物的圖片，除此之外童貝里也獲得諾貝爾和平獎提名，顯示她在氣候變遷議題上巨大的影響力[17]。在 2022 年聯合國氣候變遷大會（COP27）開始前，童貝里指責 COP27 是當權者漂綠、撒謊、欺騙的機會，意思是國家和政府都在 COP 會議中作出空洞的承諾與協議。她對大人們嚴厲的控訴不僅代表年輕世代對現況的不滿，也象徵著他們不會任由大人們隨意主導年輕人的未來[18]。

圖 2-1-4　童貝里成為時代雜
　　　　　誌封面人物

參考資料：[17]

下個世代上街頭抗議，大人們該如何？

2021 年聯合國氣候變遷大會（COP26）在 10 月 31 日於蘇格蘭格拉斯哥舉行，場內各國代表為減碳計畫制定方針，同時場外的青年們也在積極地表達訴求，幾天下來，場外估計超過 10 萬人遊行抗議，圖 2-1-5 是 COP26 期間的場外青年的抗議行動，要求大人們不要再空談 [19]。2022 年 COP27 在埃及舉行時，以非洲國家為主的青年們在場外抗議，訴求非常直接：「讓我們看到錢」（show us the money），要求美國等承諾提供氣候基金的國家拿出積欠多年的經費，而美國總統拜登也隨即宣布提出 1.5 億美元協助非洲國家對抗氣候變遷 [20]。

1980 年代開始，聯合國就倡議「永續發展」，永續發展目標（SDGs）也是現在各界耳熟能詳的語言和思維模式。然而，我們是否好好想過，「世代正義」（intergenerational justice）才是永續

發展的核心精神。面對已經被踐踏到臨界點的氣候、混亂的世局、和難以想像的未來，年輕世代的徬徨與憤怒也不過就是正常的反應。氣候變遷雖然是科學事實，但在國際政治的脈絡中，跨世代的公民力量仍是各國政治領導者做出相對正確的決定時不可欠缺的催化劑。

圖 2-1-5　COP26 舉行期間場外的抗議遊行

參考資料：[19]

圖 2-1-6　青年團體在 COP 27 期間的抗議訴求：「讓我們看到錢！」（AP Photo/Alastair Grant）

參考資料：[20]

2-1-2 氣候公民運動風起雲湧

前段提到的童貝里在 2018 年發起的氣候罷課活動，是近年全球氣候公民運動的一個里程碑。2019 年 3 月開始氣候罷課襲捲全球，累計到 2019 年 9 月，全球各地一共超過 163 個國家與 400 萬民眾響應，包括學生罷課、勞工罷工、大眾抗議等，呼籲各國政府採取積極因應氣候變遷的作為 [1]。

全球氣候公民運動：督促正視暖化問題

除了為氣候罷課以外，全球各國也有各種不同的氣候公民運動。法國於 2019 年隨機抽選 150 名 16 歲至 80 歲，來自社會不同階層的公民組成「氣候公民大會」，參與為期 6 週的會議，進行系統性的專業培訓，擬透過公投、立法或修法來落實氣候變遷措施，歷經 9 個月的討論，完成 150 項提案，僅有一項與工時縮減相關之議題有分歧，這些提案得以協助法國實現 2030 年減少至少 40% 的碳排放目標 [2]。

丹麥於 2019 年初由民間發起「丹麥氣候法即刻生效」之連署，獲得超過 6 萬 5 千份連署書使提案順利進入議會，此連署與多數政黨及偏左翼執政黨的理念不謀而合，因此以絕對多數通過，並於 2020 年 6 月頒布氣候法案 [3]。

而英國從 2018 年 10 月開始出現了一場名為「反抗滅絕」（Extinction Rebellion，簡稱 XR）的運動，以阻止氣候變遷為主要訴求，透過非暴力的公民不服從行動來要求政府正視氣候與生態的崩盤。反抗滅絕的活動從英國開始，陸續出現在世界 59 國，至今不只在歐美已開發國家擴散，孟加拉、蒙古、南非、所羅門群島，也都有民眾響應，在各地誕生 390 個地方團體，促使 722 個地方政府、議會正式宣布「氣候緊急狀態」[4]。

圖 2-1-7 「反抗滅絕」（XR）運動抗議者占領倫敦的牛津街
資料來源：[4]

除此以外，2022 年也出現較為極端的氣候運動，英國反石油組織「Just Stop Oil」為迫使政府終止開發化石燃料而上街頭抗議，甚至在倫敦國家美術館的梵谷《向日葵》畫作上潑番茄湯，藉此讓人反思，人們較關心保護一幅畫作還是保護地球。雖然此組織行動較為激進，且引發許多爭議，但確實也使公眾更加認識化石燃料、關注氣候議題 [5]。

2022 年在埃及的聯合國氣候變化綱要公約第 27 次締約國大會（COP27）舉行之際，場邊亦有數百人參與關注損害與賠償（loss and damage）和人權議題的氣候遊行，同時歐洲各個城市，如倫敦、愛丁堡、巴黎等，都發起支持 COP27 遊行的抗議活動，在德國西部的盧策拉特（Lüetzerath）有超過 1 千名抗議者聚集，敦促 COP27 與會者採取更多行動，而在馬德里則由綠色和平組織發起要求停止使用化石燃料的抗議行動 [6] [7] [8]。

圖 2-1-8　願景牆以「想為地球做的一件事？」為題，吸引大批民眾執筆寫下自己的永續願景（環境資訊中心‧李蘇竣攝）

資料來源：https://e-info.org.tw/node/232351

激發更多在臺灣的氣候公民運動

　　2019 年的全球氣候罷課行動，臺灣沒有缺席，當年 3 月共有 7 場校園活動響應，累計到 5 月，共有 2,000 名學生參加[8]。同年 9 月則有團體於臺北發起活動，呼籲 2020 年總統參選人們應提出更具體的氣候變遷對策方針[9]。

　　2021 年，世界各地的極端天氣事件以及臺灣大規模的乾旱，讓臺灣對於氣候變遷帶來的衝擊有更深刻的感受。9 月 25 日臺灣青年氣候聯盟舉辦了約千人參加的「青年抗暖大遊行」，以實體物品集會，設置氣候留言板、氣候心裡話等攤位邀請民眾共同響應，提出七大訴求，並呼籲政府做出氣候改革，其中包括《溫室氣體減量及管理法》修法延宕以及 2050 淨零轉型目標應儘速完成路線圖，且具體規劃未來 30 年的策略[10]。

🌐 地球暖化 2.0 小百科

認識國家自主減量貢獻

2015 年《巴黎協定》目標為「將本世紀全球氣溫升幅限制在 2°C 下，並努力將升溫控制在 1.5°C 下」。

Nationally Determined Contributions（NDCs）[5]依照字面意義，可譯為「國家自訂貢獻」，也可意譯為「國家自主減量貢獻」或「國家自主減碳貢獻額度」等。簡而言之，NDCs 即為巴黎協定的會員

根據 2020 年的統計結果，自從童貝里開始發起為氣候罷課，全球已經串聯 18 次遊行，參與人數也超過 1,200 萬人次，臺灣參與其中的 5 次，然而參與人數卻不到 5,000 人。全臺扣除年紀較小的幼稚園與小學生，共有超過 250 萬名學生，卻僅有不到千分之二的人參與過氣候罷課遊行。

可以從中反思，臺灣青年對於氣候公民運動的參與相較於歐美國家是相對不積極的，雖然幾乎每個人都知道氣候變遷正在發生，也是個應該注意的議題，卻鮮少知道氣候變遷與自己的關聯性，也因為對我們的生活基本上沒有影響，所以顯得較沒有行動力，也很難成為大多數青年特別關注的議題[11]。

若要讓臺灣青年更積極地關注並參與公民運動，必須讓青年瞭解氣候變遷為人類帶來的困境與挑戰，且強化對於氣候變遷議題的理解與認知，並多多透過媒體管道分享各國參與氣候公民運動的新聞案例，藉此提升臺灣青年參與或發起氣候行動的可能，為社會帶來改變[12]。

國因應氣候衝擊訂出的氣候行動計畫（climate action plan），依據己身的經濟與社會條件，訂出合理的減碳目標，即為該會員國對全世界貢獻的承諾，並且每 5 年檢討修正一次。

需注意的是，NDCs 並非僅為「承諾減碳量」的概念，更重要的是如何達到承諾的作為，包括建構監測系統，以確認減碳的進度。氣候金融（climate finance）是執行氣候行動計畫，以達成 NDCs 的關鍵作為，聯合國認為 NDCs 中最好能夠包括氣候金融的相關作為。國家各層級政府機構如何分工合作，達成氣候治理的目標，也是 NDCs 的重點。

2-2 氣候談判是一場權力遊戲

氣候變遷攸關人類的永續發展，但回歸到人類所建構的現實世界中，「基於經濟利益的政治談判」才是決定氣候未來的發展情境的關鍵。世界前幾大經濟體，包括中國大陸、美國、歐盟、印度等，貢獻了超過一半的每年全球碳排放量，對全球的氣候治理與能源發展前景有決定性的影響[1]。

巴黎協定於 2015 年 12 月通過，2016 年 11 月生效之後，遭遇當時美國總統川普宣布退出的衝擊。在聯合國與其他國家的持續努力下，於 2019 年開始展現了龐大動能，中國大陸、日本、韓國相繼宣布碳中和目標，2021 年初拜登上任美國總統後，重返全球因應氣候變遷的舞台，創造了新一波大趨勢，促成了 2021 下半年 COP26 通過格拉斯哥氣候協議，讓「2050 淨零排放」成為全球各國的基礎設定。數十年的現實經驗顯示，未來的氣候發展情境由政治談判決定。

圖 2-2-1　政治談判才是解決氣候變遷問題的關鍵

2-2-1 從巴黎協定到格拉斯哥氣候協議

聯合國於 1992 年通過「聯合國氣候變化綱要公約（United Nations Framework Convention on Climate Change, UNFCCC）」，從 1995 年開始這公約的締約國每年會召集以共同討論如何因應氣候變遷的氣候會議 [1]，這締約國會議（Conference of Parties）的簡稱即為 COP。事實上，不僅 UNFCCC 有 COP，許多聯合國其他的公約（譬如生物多樣性公約）也都有 COP，意即 COP 並非氣候會議的專利。

締約國會議與巴黎協定是什麼關係？

COP1 於 1995 年於德國柏林舉行，接下來每年在世界不同的地方舉行。COP3 於 1997 年在日本京都召開，通過了「京都議定書」（Kyoto Protocol），規範了「附件一國家」到 2012 年之前的碳排放減量目標。之後一路走到巴黎協定之前，2009 年在丹麥哥本哈根舉行的 COP15 當時也吸引了全球的目光，因各國非常期待能夠通過在京都議定書後之國際氣候協議，承接 2012 年之後的全球目標，可惜幾乎沒有任何成果，讓各方相當失望。2015 年，在美國、中國大陸、歐盟等主要排放國達到共識之後，終於在 COP21 通過了《巴黎協定》（Paris Agreement），作為《京都議定書》後新的國際氣候協定，並於該會議上決議於 2020 年啟用《巴黎協定》[2]。

《巴黎協定》內容規定締約國致力推動減碳政策，目標在本世紀末之前將全球升溫幅度控制在與工業革命前水平相比，溫升幅控制不超過 2°C，最力求將溫度控制在 1.5°C 以內。此外，要求締約國需要更新或是提交一份新的國家自訂貢獻，作為各國 2030 年以前的國家氣候自定承諾，且每隔 5 年做一次各國減排的貢獻評估。

《巴黎協定》的生效條件為超過 55 個締約國,且碳排量總和超過全球 55%。這條件在 2016 年 9 月美國總統歐巴馬與中國大陸國家主席習近平在 G8 的杭州會議上,由聯合國秘書長潘基文出面協調成功,達成共識後,歐盟隨即通過,水到渠成。2016 年 11 月 4 日,巴黎協定正式生效。然而,4 天之後,川普當選美國總統,隨即宣布將退出巴黎協定,造成後來幾年在美國缺席的情況下,世界各國推動相關工作的進度遭遇頗大的阻力。

累積了幾年的問題,在 2019 年於西班牙馬德里舉行的 COP25 上廣泛地討論,包括《巴黎協定》第六條關係國際碳交易市場的規範「規則書」(rulebook)之談判、國家未繳交國家自訂貢獻的解決方案、各已開發國家未履行承諾繳交氣候基金、針對「損害與賠償」之資金的規範等棘手的問題,都沒有達到任何具體的結論,雖然是 25 年以來耗時最長的會議,但仍以失敗告終 [3][4]。

歷史關鍵里程碑:COP26 與格拉斯哥氣候協議

COP25 結束之後不到一個月,COVID-19 疫情便襲捲全球,各國受到劇烈衝擊,絕大部分的國際會議都取消或改為線上進行。原訂於 2020 年舉行的 COP26 也因此順延至 2021 年 11 月,在英國蘇格蘭的格拉斯哥舉行。COP25 未決的問題,在 2 年之後,需要在 COP26 進行系統性的整體與宣告。

2021 年 11 月 13 日,聯合國氣候變化綱要公約(UNFCCC)的締約國終於在 COP26 的最終談判機會達到了共識,通過了「格拉斯哥氣候協定」(Glasgow Climate Pact),重點包括 [5]:

1. 2050 淨零排放：控制全球升溫在 1.5°C 以內，且加強階段減量目標，即各國需在 2022 年底前強化「2030 年減量目標」，以達到相較於 2010 年削減 45% 的目標。

2. 逐步減少燃煤發電：加速致力於逐步削減（phase down）「未使用碳捕捉技術的燃煤發電」（unabated coal）。

3. 革除化石燃料補貼：淘汰「無效率（inefficient）的化石燃料補貼」。

4. 補足氣候基金：已開發國家在 2025 年之前達到每年 1,000 億美金的氣候基金目標，並且為開發中國家轉移科技，建構能力。

5. 管制甲烷：2030 年前強化甲烷等非二氧化碳的溫室氣體削減。

除此之外，為達到格拉斯哥氣候協議的目標，全世界需要開始強力執行許多根本性的轉型措施，而不只是用力減碳，譬如停止濫伐（並非「砍伐」，是「濫伐」）森林、改變交通方式、自空氣中移除溫室氣體、提供財務支援等 [6]。COP26 也通過了《巴黎協定》第六條關於全球碳市場機制的「規則書」（rulebook），將有助強化國際之間的減碳合作。

以 COP25 一事無成的基礎來看 COP26，格拉斯哥氣候協議是一個具體的成績，然而，其為德不卒之處仍遭受到各界的批評。首先，原來協議對於燃煤發電的設定是「逐步淘汰」（phase out），然而在最後討論的時刻，印度的代表發難表示，發展中國家無法馬上停止使用燃煤發電，否則經濟將陷入困境。為達成共識，最後將「逐步淘汰」改為「逐步減少」（phase down），英文的一字之差，實質上完全不同。COP26 的主席阿洛克‧夏爾馬 （Alok Sharma）

還因此落淚 [7]（圖 2-2-2）。已開發國家遲遲未履行承諾足額挹注資金，還有從 COP19 談論至今的「損害與賠償」議題，同樣成為不同陣營、不同發展程度國家之間的爭論主題。大會也強調氣候基金的意義主要在於致力於保護與恢復受氣候變遷影響的國家和生態系統，協助強化該地區之韌性，以及建立預警系統，進而增加基礎設施和農業的調適能力，避免失去家園、生計和生命 [8]。然而，這與提供氣候融資的私人機構著眼於可回收與營利的取向大相逕庭。

COP26 是各締約國首次針對甲烷排放展開行動，共 105 國，包括巴西、奈及利亞、加拿大等 15 個主要甲烷排放國，占全球甲烷總排放量之 40%，共同簽署《全球甲烷承諾》（Global Methane Pledge）。簽署國承諾在 2030 年結束前，將甲烷排放量相較於 2020 年至少減少 30%，但主要的甲烷排放國包括中國大陸、俄羅斯和印度並未加入，也顯現出氣候談判中的政經障礙 [9]。

圖 2-2-2　COP26 主席阿洛克・夏爾馬（Alok Sharma）因格拉斯哥氣候協議仍有缺憾而落淚

圖片來源：[7]

存在感有限的 COP27

COP26 留下的懸念，亟待 COP27 處理。2022 年 11 月，COP27 於埃及的夏姆錫克（Sharm El-Sheikh）舉行，除了 COP26 沒有完全解決的氣候基金、2030 減碳目標等議題之外，在會議開始前，各國所注意到的最大事件，是 COP27 將「損害與賠償基金」（Loss and Damage Fund）排入大會議程，被各界視為 COP27 最重要的歷史定位 [10]。使用白話文來說，「損害與賠償」的主張係指工業化國家必須為工業革命以來累計的碳排放負責（liable），且賠償（compensate）其他國家的損失（loss）與損害（damage），對於

已開發國家而言，不僅面子上掛不住，也可能需支付鉅額賠償金，自然不願意面對。在國際社會討論多年之後，終於在 2022 年列入了 COP27 的議程。

「世界經濟論壇」（WEF）所屬的「氣候治理倡議」（The Climate Governance Initiative, CGI）於 COP27 後整理出其主要的進展、待強化之處與未決問題，其中進展除了首次達成協議，成立了「損害與賠償基金」之外，還包括成立了「能源正義轉型夥伴關係」（Just Energy Transition Partnerships, JETPs）、「夏姆錫克調適議程」（Sharm El-Sheikh Adaptation Agenda）、「全球氣候風險保護盾」（Global Shield against Climate Risks）、「非洲碳市場倡議」（Africa Carbon Markets Initiative）等組織[11]，然而這些倡議或組織的影響力與功能有待觀察，各界的討論也頗為有限。有待強化與追蹤者包括 10 億美元的氣候融資尚未籌妥，及前述的 L&D Fund 缺乏具體規劃。距離目標甚遠的問題點為：198 個締約國中的 163 個並未提出強化 1.5°C 目標的更新排放數據，且未通過逐步降低化石燃料使用的決議[12]。

如前所述，氣候少女童貝里在 COP27 前，即不看好 COP27，稱其為「當權者漂綠、撒謊和欺騙的機會」。COP27 真實舉辦時，發生了令人匪夷所思的狀況，即化石燃料的遊說團體以各種不同的身分與型式在會場中積極活動。根據報導，以國家代表或貿易代表參與 COP27 的化石燃料遊說團體成員高達 636 人，有許多非洲國家在會場中推廣天然氣的使用，試圖賺取更多的金錢[13]。最後的結果是，在 COP26 中，原來希望通過的「逐步淘汰」燃煤發電妥協成「逐步減少」，而在 COP27 希望將「逐步減少」的範圍由煤炭擴及所有的化石燃料的期待也破滅了。

此外，國際重要的氣候變遷智庫與倡議組織「碳簡報」（Carbon

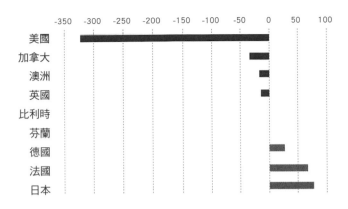

圖 2-2-3　若干已開發國家支付的氣候基金與其應支付的費用之間的差
　　　　　距（單位：億美元）

圖片來源：重繪自 [14]

Brief）於 COP27 前公布了一個分析報告，根據各開發中國家的歷
史碳排放量折算其應該付出的氣候基金金額，認為美國、加拿大、
英國、澳洲、希臘、紐西蘭、葡萄牙等國支付的費用太少，尤其美
國的缺額為 323 億美元，遠高於其他國家；日本、法國與德國則為
三個額外支付最多的國家，分別多付了 75 億美元、66 億美元與 26
億美元。由圖 2-2-3 可以看出不同國家「履約程度」的明顯差距[14]。

2-2-2 碳中和與淨零排放的浪潮

　　碳中和（carbon neutrality）的意義為將一國家、企業、組織、產品、
活動或個人在一定時間範圍內直接或間接產生的碳排放（所有溫室
氣體排放），透過排放減量（emission removal）或外部抵換（carbon
offset）等方式抵銷，達到廣義的碳排放與碳移除的平衡[1]。碳排放
的減量可以透過低碳能源取代化石燃料、提高能源效率、改進製程
等不同方式達成，在窮盡所有的減量方法之後，剩餘的碳排放再以
抵換的方式扣除，以達到碳帳面上的正負抵銷，達到「中和」。

碳中和源自於 1990 年代，用以形容一個工廠的排碳量可以透過減量與抵換抵銷，但當時相關概念並不成熟。2005 年時，匯豐銀行成為第一個對外宣布要達到碳中和的銀行 [2]，也因此讓碳中和這個詞受到各界的關注與大量引用。新牛津美國辭典（The New Oxford American Dictionary）於 2006 年底選擇「carbon neutrality」為年度代表字（Oxford Word of the Year）[3]。

碳中和的概念與迷思

長期以來，碳中和並沒有一個共通性的定義。到了 2010 年，英國標準協會（British Standards Institution, BSI）提出碳中和實施標準 PAS 2060 （Specification for the Demonstration of Carbon Neutrality），為「碳中和」提供國際通用定義與認證標準 [4]。一直到 2021 年之前，碳中和與淨零排放（net zero）在許多文件或宣告中仍經常交互使用。譬如，2020 年 9 月，中國大陸國家主席習近平在聯合國的線上會議中宣布將於 2030 年「碳達峰」，2060 年達到「碳中和」；當年 10 月，日本首相菅義偉與南韓總統文在寅相繼宣布該國將於 2050 達到碳中和 [5]。

也是因為碳中和未有共同性的定義，在有些網站或資料中可以看到「碳中和指的是二氧化碳的相互抵銷，而淨零排放指的是包括二氧化碳在內的所有溫室氣體」這樣的說法。這是典型的迷思，碳中和亦是針對所有溫室氣體，與淨零排放的差距在於抵換使用的碳信用的來源與品質要求的差異。另一個關於碳中和的迷思是：花錢購買碳信用抵換即可。事實上，必須先窮盡一切降低自身排放量的手段之後，才能對剩餘的碳排放採取抵換策略。

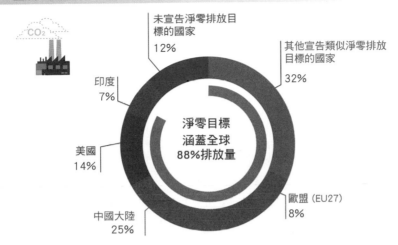

圖 2-2-4　2022 年 11 月時全球宣告淨零排放目標的國家與相應的排放量
圖片來源：[7]

淨零排放的旋風與歐盟碳稅

2021 年地球日，當時新上任的美國總統拜登邀集全球 40 個國家領袖召開線上氣候變遷高峰會，乃國際社會積極宣告淨零的里程碑。美國宣布重新加入巴黎協定，並在 2030 年前降低 52% 的碳排放量，雖然降幅不如像英國這樣更具雄心壯志者高（英國為 78%），但因美國的排放量大與科技政經實力強，對全球的減碳布局造成極大的影響 [6]。

在 2021 年 5 月，全世界有 130 個國家宣布了淨零排放目標，持續成長至 2022 年 11 月，約 140 個國家宣布了淨零排放目標，涵蓋全球約 88% 的溫室氣體排放量（如圖 2-2-4）。大部分的國家宣布在 2050 達到淨零排放目標，少數例外者如進度超前的德國，目

標年為 2045 年；進度延後者包括中國大陸、俄羅斯、印尼等國為 2060 年，印度則為 2070 年 [7]。若以涵蓋的 GDP 與人口數來看，約為 90% 的 GDP 與 80% 的人口 [8]。

在 2021 年地球日不久之後，7 月份歐盟提出了非常重要的「55% 套案」（Fit for 55 package），即將在 2030 年達到碳排放量較 1990 年的基礎排放量（53.68 億噸）降低 55% 的目標，最多排放 24 億噸。

在這配套法案中最引人矚目者為「碳邊境調整機制」（Carbon Border Adjustment Mechanism, CBAM），或稱「邊境碳稅」，預計於 2023 年開始試行，於 2026 年正式施行。CBAM 立法的意涵為防止碳洩漏（carbon leakage），即在歐盟以外生產碳排放較高的商品，再輸入到歐盟，造成「將碳排放遺留在境外」的現象。這些高碳排放的商品通常價格也較低，另一方面同時造成歐盟本身生產的類似商品價格較高而缺乏競爭力。因此，CBAM 實施後，將針對環保與碳排放標準較低的國家出口至歐盟的商品課徵「碳關稅」，一方面保障歐盟境內廠商的產業競爭力，也同時避免歐盟的企業為逃避歐盟內部的碳管制規定，將產業移至環保標準較低的國家 [9]。

在 CBAM 提出時，涵蓋水泥、鋼鐵、肥料、鋁製等高碳排產品。然而，後續法案在歐洲議會討論時，實施的時間點與涵蓋的產品都引發了熱烈的討論，且歷經了諸多波折才在 2022 年底大致定案。過渡期從 2023 年 10 月開始，而 2026 年開始啟動付費制的 CBAM，初期涵蓋部分產業，逐步擴大範圍，到 2027 年底全面評估實施成效，直到 2034 年搭配歐盟排放交易制度（EU ETS）的免費配額消失後，全面執行。預計在 2034 年隨著 EU ETS 免費配額全部取消，全面性的 CBAM 也將啟動。

原先歐盟執委會提議的產業僅有鋼鐵、水泥、化肥、鋁、電力等五大產業，不過新的協議擴大加入氫氣（因為非歐盟國家主要是用煤炭生產氫氣）、若干化學前驅物（precursors）、一些鋼鐵下游產品（例如螺絲、螺栓等），以及在特定條件下的範疇 2 間接排放 [10]。CBAM 的稅率與 EU ETS 密切相關，非歐盟國家進入歐盟的產品在當地繳納的碳稅與 EU ETS 的碳平衡之間的差距是繳納稅額的關鍵基準，EU ETS 中的免費配額則為 CBAM 的豁免項目 [11]。

邊境碳管理機制並非歐盟的專利，包括美國與日本的其他國家也正在研擬相關的「邊境碳稅」機制，試圖利用類似關稅的機制，讓碳排放的外部成本可以內部化，反映在成本中。關於各種碳定價（carbon pricing）的機制，將在第 3 章有較為詳細的說明。

🌐 地球暖化 2.0 小百科

淨零排放 vs. 碳中和

我們可以注意到，近年各國宣布的「深度減碳」目標，有時使用「碳中和」（carbon neutrality），有時使用「淨零排放」（net zero）。感覺上這二種說法似乎類似或相同，但好像又不太一樣。2019 年歐盟與 2020 年的中國大陸與日本韓國等宣布的是「碳中和」，然而現在大家在談的是「淨零排放」，為什麼呢？

碳中和這說法很早就有，初期用以說明綠色植物藉由光合作用，將大氣中的二氧化碳轉化為生物質量，可以讓大氣的碳達到中和（neutral）的狀態。到了 2000 年之後，和氣候變遷有關的科學報告或宣告中，碳中和的出現次數越來越多，發展到 2006 年，新牛津美國辭典（The New Oxford American Dictionary）宣布碳中和（carbon neutral）為「年度代表字」（Word of the Year）[1]。後續開始有國際組織為碳中和訂定標準，其中最廣為使用的是英國標準協會（BSI）於 2010 年公布的組織碳中和標準 PAS 2060[2]。

淨零排放（net zero）基本上是一種科學的說法，在 2013 年的 AR5 中類似的說明開始較多[3]，到了 2015 年的巴黎協定，則明訂「淨零排放」與「氣候韌性」（climate resilience）為未來的目標。巴黎協定宣示希望將全球升溫控制在 1.5°C 以下的積極目標，相應的即為 2050 淨零排放。

碳中和與淨零排放經常混用，但事實上意義不同。這幾年，誤用與混用是一回事，還出現了一些對於二者之不同的錯誤詮釋。我們使用最簡單的方法，說明二者究竟是哪裡不同。

碳中和的意義為：一標的物（國家、企業、產品、活動……）在一固定時間之內產生的直接與間接的碳排放，運用實質減碳或運用碳信用（carbon credit）抵減、補償（offset），以產生「正負抵銷」的效果，達到「相對」的「零碳排放」。簡單來說，是管理帳面上的零碳排放。

另一方面，淨零排放的意義為：一標的物（國家、企業、產品、活動……）在一固定時間之內產生的直接與間接碳排放，優先運用實質減碳，窮盡一切可能，將已排放至大氣中的碳抓回地面（陸地或水域）。沒辦法了，才使用碳信用（carbon credit）抵減、補償（offset），以產生「正負抵銷」的效果，達到「相對」的「零碳排放」。重點是，碳信用的規格要求更高，僅能使用能夠真實將溫室氣體從大氣中移除的方法產生者，策略包括譬如：種樹（自然碳匯）、碳捕捉與封存（科技碳匯）等。這是物理上的，真實的零碳排放。

因此，碳中和與淨零排放二者的真實差距在於可用以抵換的碳信用規範的嚴格程度不同。「碳中和」可使用 1997 年通過的京都議定書衍生的京都機制（Kyoto mechanism）產生的碳信用抵換，包括清潔生產機制（CDM）等，若究其意涵，就知道重點在鼓勵減量，而非真實減量。圖 2-2-a 簡要說明了二者的不同。「淨零排放」僅可使用物理上可以真實減碳的碳信用抵換，京都機制產生的碳信用均不適用。英國牛津大學發行了一本說明書：The Oxford Principles for Net-Zero Aligned Carbon Offsetting，載明各種適用於淨零排放的碳抵換的規則[4]。

在網路上可以搜尋到許多似是而非的說法，其中最具代表性者為：「碳中和指的是針對二氧化碳的零排放，而淨零排放指的是針對所有溫室氣體的零排放」。這是錯的，雖然有一些知名媒體與網紅這樣說（請自行搜尋）。

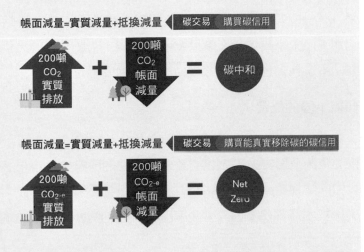

圖 2-2-a　碳中和與淨零排放的不同在於可以抵換的碳信用來源的嚴格程度不同

來源｜作者整理

2-2-3 少數人的聲音不該忽視

作為世界上最大幾個的經濟體，中國大陸、美國、印度、歐盟每年貢獻了全球 50% 的溫室氣體排放 [1]。因此，幾大巨頭做出的決定對世界的能源發展軌跡和氣候安全有重要的影響。關於氣候會議與淨零承諾等的討論，也多以這些大國為中心。然而，氣候變遷影響的是整個地球上的所有人，小國、弱勢族群、年輕世代等的聲音也必須重視。「不放棄任何人」（No one left behind）是聯合國推動永續發展的核心價值，因應氣候變遷的原則也應相同。

為氣候變遷發聲不分民族、不分職業、更不分年紀，每次聯合國氣候變化綱要公約的 COP 舉辦期間，場外都會舉辦議題多元的抗議遊行活動，為人權、女權、青年、原住民、小國等訴求氣候正義及保障人權，國際特赦組織（Amnesty International, AI）秘書長庫米・奈杜認為：「氣候變遷已經對人權造成衝擊，這點十分清楚明顯，而未來幾年的衝擊只會越演越烈。」所有人的人權都同等重要，國家代表也需同時考量公民團體的聲音 [2]。

傾聽小國的聲音

小國（small state）是指幅員較小、人口較少、在國際體系中，權力資源及影響力不如大國及中等強國的國家。大國未必就是具有實力的強權（powerful state），小國沒有必要言聽計從；相對地，小國也未必就是手無寸鐵的弱國（weak state），沒有必要逆來順受 [3]。

氣候變遷已經是全球議題，身處氣候變遷最前線的小島國家，於 1990 年成立了小島嶼國家聯盟（Alliance of Small Island States, AOSIS），呼籲國際社會正視全球暖化導致的海平面上升等氣候災害對島國帶來的威脅。吐瓦魯、巴哈馬群島、馬紹爾群島、斐濟、馬爾地夫等小島國家產生的碳排放量不到全球的 1%，卻在氣候變遷影響下遭受嚴重的衝擊風險，正面臨「沒有退路」的情況。

吐瓦魯由 9 個珊瑚礁島所組成，全國最高的地方僅只有海拔 5 公尺，海平面上升對吐瓦魯而言，早已是每天在面對的危機，在每年 3 月至 11 月的大潮（King Tide）期間，全島都無法倖免於水患，已成為汪洋之國 [4]。2021 年 COP26 舉行時，吐瓦魯外交部長西蒙・科菲（Simon Kofe）站在海中演講，高喊：「我們的國家快被淹沒了！」目前吐瓦魯首都約有 40% 會在漲潮時被淹沒，預計到本世

圖 2-2-5　吐瓦魯外交部長西蒙・科菲（Simon Kofe）在
　　　　　海中演講，喊話世界重視氣候危機

資料來源：[5]

紀末整個國家皆會在海平面以下 [5]，2022 年 COP27 科菲宣布該國已經考慮計畫最壞情況，包括於元宇宙中建立第一個數位國家，這看似荒謬，但吐瓦魯不會是最後一個邁入難堪局面的國家 [6]。

　　對這些小島國家來說，全球均溫增加 1.5°C 和 2°C 之間的 0.5°C 差異，會帶來「生與死的差別」，氣候變遷沒有人是局外人，任何聲音我們都必須重視和傾聽。

傾聽原住民的聲音

　　國際上有許多為原住民發聲的論壇和倡議，包含由世界各地的原住民族人在 2008 年所成立的「國際原住民族氣候變遷論壇」（International Indigenous Peoples Forum on Climate Change, IIPFCC），長期倡議需要將原住民族權利納入氣候變遷相關協定和指導方針中，其中包括了 2015 年《巴黎協議》。

氣候變遷加劇伴隨極端天氣災害，居住在山區或海邊的原住民部落首當其衝，且原住民和大自然及傳統土地維持緊密關係，他們的生計和文化認同也奠基於此 [7][8]。

對於原住民而言，保障生命安全是氣候變遷議題的核心，而非保護環境。亞洲原住民族聯盟（Asia Indigenous Peoples Pact Foundation, AIPP）秘書長瓊安·卡琳（Joan Carling 是菲律賓坎卡耐族 Kankanaey）曾表示：「如果氣候變遷減緩與調適措施，不是在保障人權框架的前提下實施，將會造成更多的損害與損失，不管是對原住民族、對在地社群以及對環境而言都是，這也就是為什麼要直接地將人權連結氣候變遷 [9]。」

Idle No More SF Bay 是一個於 2013 年在美國舊金山灣區組成的團體，受「原住民不再閒著」運動（First Nations Idle No More Movement）的啟發，由一群美洲原住民共同致力於阻止環境退化以及經濟社會不平等。在 2017 年於德國波昂舉行的 COP23 中，一位該組織成員伊莎貝拉·季季（Isabella Zizi）在抗議活動中說道：「住在『犧牲地帶』（sacrifice zone）的居民，大多是低收入戶與有色人種，我們承受生命風險，因為我們無處可去」[10]。

2023 年臺灣首次舉辦了「臺灣原住民族的氣候正義論壇」，提及氣候變遷的減緩與調適。除了鼓勵造林與購買碳信用等策略之外，原住民也強調民族在生存或應變時具備的韌性 [6]。諸多方案與原住民族的生活空間與生活內容息息相關 [11]。

世界各地的原住民族與自然的連結最強，受到氣候變遷的衝擊也最直接。此外，氣候變遷對於社會與經濟的影響，也可能讓原來已經弱勢的原住民更為弱勢。在擬定氣候變遷因應策略的過程中，必須瞭解原住民族的觀點與需求，也善用原住民朋友的地方智慧，讓氣候行動更務實、有效且包容。

圖 2-2-6　來自美國加州灣區的原住民伊莎貝拉・季季
　　　　　（Isabella Zizi）在 COP23 為原住民發聲（環
　　　　　境資訊中心，賴慧玲攝）

資料來源：[10]

傾聽兒少的聲音

世界各地都受到極端天氣影響，旱災、洪災、熱浪、蟲害等威脅人們的糧食、飲用水、住所、健康等基本需求，讓全球逾 20 億人面臨缺糧的危機。而 13 億人住在貧瘠之地，且 1.6 億兒童生活在嚴重乾旱區；蟲媒傳染病、營養不良、腹瀉與熱壓力等風險嚴重威脅兒童健康和死亡率；難民營和非正式營區的兒童，更因極端天氣而流離失所，面臨人道危機[12]。根據世界展望會的研究報告，氣候變遷也讓兒童受暴情形更加嚴重，造成惡性循環[13]。

在 1992 年於巴西里約舉行的永續發展地球高峰會上，12 歲的女孩塞文・庫裡斯・鈴木（Severn Cullis-Suzuki）對著各國領袖說：「我只是一個孩子，我沒有所有（環境問題的）解決方案，但我希

望您意識到，您也沒有！如果您不知道如何解決（環境問題），請不要破壞她（環境）！」[14]。永續發展的核心論述就是跨世代正義，由代表下一代的兒童說出他們的想法，提醒有決策權力的大人勿忘自己的承諾。面對氣候變遷，越年輕的世代要承受更久遠的挑戰與折磨，他們的聲音當然重要，卻常被忽視。前述 2018 年瑞典女孩童貝里發起氣候行動 "Fridays for Future" 後，全球學生紛紛加入，也引起大人們和社會的關注，但卻未造成真正的實質影響。

YOUNGO 是聯合國氣候變化綱要公約（UNFCCC）九大官方認證的非政府組織社群之一，於 2005 年成立，由全球 35 歲以下的青年組成，每年 COP 前夕都會辦理青年氣候大會（Conference of Youth，簡稱 COY），協助全球青年參與 COP [15]。2022 年 COP27 首次設立了兒童和青年館，並將會議第三天主題訂為「青年與未來世代日」，讓青年代表與高層決策者進行交流。COP27 青年特使 Omnia El Omrani 博士表示：「現在出生的孩子會比我們面臨 4 倍之多的極端天氣事件，我們的世界領導人必須針對這種不公平立即採取行動。」在 COP27 中，YOUNGO 的努力終於使得 UNFCCC 宣布，青年是「設計和實施氣候政策」的利害關係人 [16]。

氣候危機迫在眉睫，且其本質為上一代的錯誤政策與作為造成下一代必須承擔後果。氣候報告顯示的各種指標的變化都伴隨著時間軸，更彰顯氣候議題是跨世代議題。隨著時代的變遷與典範轉移，兒少在環境與氣候運動的角色逐漸從「聽從者」變成「領導者」。政府與企業需要將未來世代的權益與表達意見的方式列為重要考量，讓跨世代正義本身可以跨世代地延續。

你我都不是局外人

氣候變遷的特性之一就是「全面性」，沒有人是局外人。累積了將近 2 百年的人為額外溫室氣體排放造成了今日的氣候變遷困局，面對與因應這挑戰也不是個短期課題，而是長期的奮戰。廣納各世代、各族群與不同屬性的利害關係人的意見與想法，是讓氣候解決方案更有創意與啟發性的關鍵。當然，關鍵仍在於政府的政策與行動，加上企業的響應與轉型。

聯合國各種倡議的核心訴求之一就是「不放棄任何人」，小而偏遠的國家、經濟或政治弱勢的族群、少數民族或原住民、年輕世代，都必須在氣候變遷因應策略中獲得特殊的考量。他們的聲音或許微弱，但不可或缺。無論減緩或調適策略，人類一體的基本框架必須確保，且具體落實在公約與政策中。

2-3 抗拒改變的逆流

在漫長的人類歷史中，每當一個時代或朝代結束之時，必然會有抗拒改變的力量產生。這抗拒改變的力量源自於人類的慣性，尤其當社會形成既定的規則、習慣與基礎設施後，「改變」往往讓當時的使用者成本大幅增加，藉由「抗拒改變」降低成本自然是最直接的反應。

工業革命發生時，有很多人抗拒由煤炭引導的生活、生產型式的重大改變。福特製造出汽車時，大量使用馬車的人們嘲笑汽車的麻煩，指控其不安全。從大清皇朝變成民國體制時，仍有許多人拒絕剪掉辮子。當溫室氣體排放造成氣候變遷的全球危機後，也仍有業者與使用者拒絕改變，繼續堅持長久以來的化石燃料主導的經濟體制與生產模式。

2-3-1 碳鎖定：化石燃料的誘惑

　　化石燃料（fossil fuel）是指煤炭、石油和天然氣等，是一種烴或烴衍生物的混合物，由於在性質上屬於古生物的化石，因此以化石燃料稱之。

化石燃料是燃燒恐龍化石？

　　這些物質最初被認為是恐龍同期的遠古生物遺骸演變而來，是一種天然的不可再生能源，也是目前全世界最主要的能源。美國的辛克萊石油公司（Sinclair Oil Corporation）便選擇用迷惑龍屬（Apatosaurus）作為它的標誌。但是化石燃料真的是恐龍化石所演變而成的？事實上，化石燃料在恐龍興盛時期就已經存在，是比恐龍更為久遠的古生物（包括動物及植物）遺骸所形成。

圖 2-3-1　美國的辛克萊石油公司（Sinclair Oil Corporation）的形象標誌

化石燃料的形成

　　煤炭多數是遠古時期沼澤中的植物遺骸。當綠色植物沉積到潮濕地區的底層，逐漸變成了泥炭。在熱、壓力和時間的作用下，泥炭變成了煤。石油和天然氣的形成則始於數億年前，動植物、海洋中浮游生物的殘骸沉積在海底。隨著地質的演變，在缺氧、高壓、高溫的環境下，經數百萬年後形成石油或天然氣[1]。化石燃料的生成說至今仍存在著爭議。化石燃料的許多優點，促成了工業革命及人類文明的快速躍進。然而大部分人為排放的溫室氣體，如二氧化碳及甲烷，多來自化石燃料的開採與燃燒過程。

圖 2-3-2　煤炭、石油和天然氣的形成過程
資料來源：http://www.fossilfuelconnections.org/coal

便宜與方便：難以抵抗的誘惑

歷經兩次工業革命、從燃煤到石油時代，化石燃料成為人類使用最為廣泛的能源，徹底改變了人類原來的生活模式，而進入了現代化社會。在煤炭、石油、天然氣逐步發展的過程中，諸多基礎建設、機器設備、交通載具、生產原料等陸續發展與普遍化，且這些具有實體與質量，可以使用傳統運具運送的燃料，在全球交通網絡的驅動下，運送的難度與成本逐步降低，在二次大戰之後成為又便宜又方便的能源型式。

就開採、運輸、使用的角度來看，化石燃料有諸多優點，譬如成本相對低廉、每單位重量的能量含量高、開挖與轉化技術成熟、運輸與儲存容易等 [2][3]。為了降低成本、提升工業生產效率，以化石燃料為基礎的能源系統基礎建設已經蔓延於全球，就算氣候變遷已進入緊急狀態，化石燃料的使用量仍居高不下。

面對氣候變遷的衝擊，減碳是世界各國倡議及重要的國家政策，但是要抵抗化石燃料帶來低成本高獲利的高碳經濟模式的誘惑，除了國家高層決策者要有極大的決心，還必須能面對國內企業、民眾

對於改變而生的抗拒及反彈，以及必須考量既有能源政策的技術或制度是否能因應新型態的能源供應方式。此外，「公正轉型」（just transition）也成為經濟弱勢國家或群體抗拒改變的論述之一。若仍執著於過去的歷史發展路徑窠臼，能源供應仍舊鎖定在傳統的高碳形式，無法接納再生能源帶來的改變創新，便陷入了所謂的「碳鎖定效應」（carbon lock-in）。

碳鎖定效應：達到淨零碳排的一大阻力

碳鎖定效應是指，即使知道替代方案會帶來更高的效益，但市場仍固著（stuck with）於既定的標準化型式 [4]。以電力系統的轉型為例，如果整個社會堅持傳統化石燃料發電型態，已經興建的火力發電廠仍然依照規劃繼續運轉 50 年，即使再生能源成本持續下降，也很難取代高碳的化石能源。再加上，利益相關的個人與群體往往會鞏固現存體制，抗拒改變現狀，這樣的碳鎖定效應也稱之為「技術─制度複合體」（Techno-institutional Complex, TIC），如圖 2-3-3。

美國喬治梅森大學（George Mason University）講座教授葛雷葛利・安魯 （Gregory C. Unruh）於 2000 年時即說明了碳鎖定效應的原因與效應為：

……工業經濟通過由路徑依賴的規模報酬遞增驅動的技術和制度共同進化過程，被鎖定在以化石燃料為基礎的能源系統中。據稱，這種稱為碳鎖定的情況會造成持續的市場和政策失靈，儘管它們具有明顯的經濟優勢，但會抑制碳節約技術的傳播。

── Gregory C. Unruh, Understanding carbon lock-in （2000）[5]

碳鎖定效應可謂是化石燃料快速發展後產生的政策慣性（policy inertia）[6]。複合系統力量產生的碳鎖定造成化石燃料的基礎設施

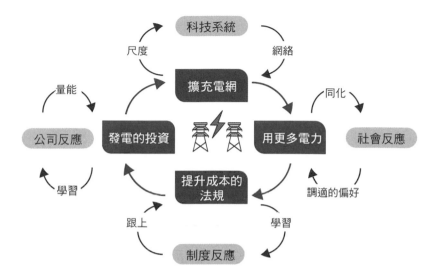

圖 2-3-3　促進電力網絡鎖定的 TIC
資料來源：[5]

難以淘汰，阻礙了低碳轉型。整體而論，低碳轉型不僅涉及技術和
基礎設施，還涉及政策和制度、商業模式和市場，以及生活方式和
規範的深刻變化。碳鎖定可以透過多種類型的機制發生在每個部門
和行業，從地方到全球層面。一旦因為各種原因安裝了長壽命的基
礎設施、機具和設備，最終更換它們可能需要數年甚至數十年的時
間。碳鎖定效應可謂是達到淨零碳排的一大阻力。

誘惑的代價

事實上，這本書在撰寫、編輯、印刷與閱讀時，我們都很可能使
用了化石燃料產生的電力。以臺灣為例，2022 年的電力碳排放係
數仍高達每度（千瓦小時）電 509 公克 CO_2-e。其即肇因於目前約
八成以上的電力來自於燃燒化石燃料的火力發電。

低成本高獲利的高碳經濟，在過去氣候變遷的威脅仍不明顯，即大氣中二氧化碳濃度還相對較低的時代，是一種甜蜜的誘惑，且不太需要考慮短期的負面效應。現在氣候變遷已經進入緊急狀態，諸多經濟體仍以觀望的態度看待面對化石燃料的依賴。

根據國際能源總署的報告，2022 年全球能源燃燒與工業製程排放的二氧化碳較 2021 年增加 0.9%，達到 368 億噸（36.8 Gt）的歷史新高 [7]。由圖 2-3-4 可以看出 2020 年的排放量曾經因為疫情降低了約 20 億噸，但 2021 年反彈更多，而大氣中的二氧化碳濃度則持續上升，沒有降低的趨勢。圖 2-3-5 顯示美國海洋大氣總署（NOAA）在位於美國夏威夷的茂納羅亞火山（Mauna Loa）標準測站測得的全球二氧化碳濃度標準數據，2023 年 5 月的平均值已經達到 424 ppm，且整體趨勢仍持續上升 [8]。

人類曾經從對殺蟲劑 DDT 的依賴中覺醒，由瑞秋‧卡森（Rachel Carson）在 1962 年的著作《寂靜的春天》（Silent Spring）造就了一次環境保護史上著名的典範轉移，成功抵抗了魔鬼的誘惑。從經濟學的角度，我們瞭解化石燃料的方便與便宜造就其競爭力，過去長期發展形成的碳鎖定效應；從科學的角度，我們也可以充分理解這就是包著糖衣的毒藥，將讓氣候變遷陷入失控的局面。現在全球 2050 淨零排放的目標已定，然而是否能夠真正下定決心即刻執行遠離化石燃料誘惑的典範轉移，仍有待觀察。從 COP27 終究還是無法通過逐步降低所有化石燃料用量決議的客觀事實來看，我們不能夠太過樂觀。

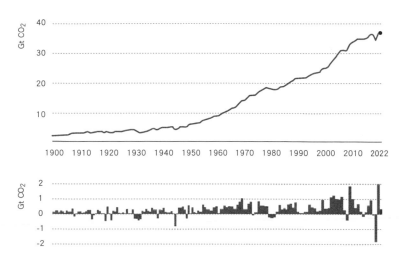

圖 2-3-4　1900 年至今全球燃料燃燒與工業製程的年度二氧化碳排放量與年度變化

資料來源：[7]

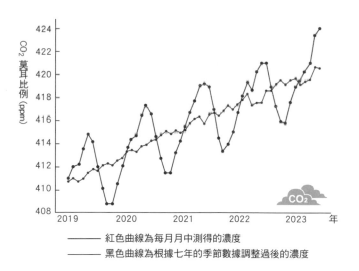

圖 2-3-5　2019 年至今 NOAA 在夏威夷茂納羅亞火山（Mauna Loa）所測得的二氧化碳濃度紀錄

資料來源：[8]

2-3-2 氣候變遷否定論者

1988 年 IPCC 成立，開始蒐集與整理氣候變遷的科學證據，每一次的評估報告都揭示了科學界認為氣候變遷的存在與由人類引發的科學機率。

直到 2021 年出版第六次評估報告（AR6）時，IPCC 終於以「無庸置疑」（unequivocal）來說明現在的氣候變遷的確由人類行為導致此一結論。然而，幾十年以來，質疑氣候變遷是否真實存在或是否由人為引發的相關爭議始終存在，而攪動這個討論議題的的重要力量來自於「氣候變遷否定論」（climate change denialism）。這指的是對於氣候變遷的科學共識的否認、拒絕或無端懷疑，包括氣候變遷是由人類引起的程度、對自然和人類社會的影響，或人們和自然調適氣候變遷的潛力等 [1]。

氣候變遷否定論者不乏一些科學家，但通常選取片面資訊，使用特定角度，選擇性地揭露資訊，以達到預設的結論。譬如，圖 2-3-6 記錄了 1970 年以來的全球溫度變化情況。綠色的點為每一年相對於 1973 年的全球平均氣溫的變異。左圖展現事實上長期溫度上升的趨勢，而右邊的圖則強調每一個約 7～10 年的週期可以看到溫度的下降，藉由這短期的溫度下降來否定地表溫度上升的長期趨勢，刻意逃避每一個週期的平均溫度也在持續上升的事實 [2]。

上述的手法即為典型的氣候變遷否定論者的論述模式。地質學家詹姆斯・勞倫斯・鮑威爾（James L. Powell）整理了六種否認氣候科學的方式 [3]，以協助各界識別氣候否定論的不同面貌：

1. 大氣中二氧化碳實際上並沒有增加。

2. 即使增加，由於沒有令人信服的暖化證據，二氧化碳增加對氣候也沒有影響。

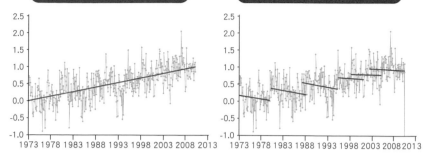

圖 2-3-6　　(a) 左圖：「氣候現實主義者」從中得出全球氣溫在過去 40
年中呈現上升趨勢，以得出全球暖化為真的結論。(b) 右圖：
藍色趨勢線顯示短期反常趨勢，「氣候否定論者」從短時間
內挑選數據，以斷言全球平均氣溫沒有上升。

資料來源：[2]

3. 即使有暖化的證據，也是自然原因使然，不是人為的。

4. 即使無法用自然原因解釋暖化，人類的影響也還是很小，
　持續排放溫室氣體的衝擊也很小。

5. 即使現在或未來可以預計人類對地球氣候的影響不可忽視，
　但這些變化通常對我們有利。

6. 不管這些變化是否對我們有好處，人類非常善於適應變化，
　所以不會有什麼嚴重的後果；此外，現在做些什麼都太晚
　了，也許某個時間點會出現突破的技術就解決了問題。

雖然批判思考是文明進步的動力，但為了既定目的強行推論，反
而違反了科學精神，對科學的無知或缺乏環境關懷也是氣候變遷否
定論的原因。西方文化中的右翼政客、特定立場的媒體、化石燃料
業者等也常是氣候變遷否定論的支持者 [4]。這些具有財力的群體透
過遊說和引導、操弄話題以影響選民，進而影響氣候政策的支持

率。這種特殊的政治生態或政商關係造就了美國這個民主國家,有全世界最高比例的民眾否認氣候變遷的存在,或認為氣候變遷並非人類造成的。

反氣候科學論者:前美國總統川普

川普於 2016 年 11 月 8 日當選美國總統,隨即宣布美國將退出巴黎協定。當一位氣候變遷否定論者,或「反氣候科學者」成為全世界最強大的國家的領袖,這影響是全面的。哥倫比亞大學「氣候放鬆管制追蹤者」(Climate Deregulation Tracker)計畫的統計資料顯示,川普在任期間,美國聯邦政府前前後後發布了超過 170 項縮減氣候變遷因應努力的措施 [5],試圖排除政府的責任。較引人矚目者包括:

1. 退出巴黎氣候協定;
2. 用平價清潔能源規則取代前任總統歐巴馬的「清潔電力計畫」(Clean Power Plan),該計畫限制燃煤和燃氣發電廠的碳排放量,並設定呼應巴黎協定的關鍵目標:2030 年美國發電廠的碳排放量需要減少到 2005 年排放量的三分之一以下 [6];
3. 停止實施新車燃油效率標準,並阻止加州制定自己的排放規則。

川普在氣候變遷方面的個人言論與其政治言論同樣令人驚訝!他以「神話」(mythical)、「不存在」(nonexistent)和「代價高昂的騙局」(an expensive hoax)等說法形容氣候變遷,在 Twitter 上發布了 100 多篇質疑氣候變遷或挖苦因應作為的貼文,成為氣候變遷否定論者廣為引用的資訊來源。若干驚人之語包括:「氣候變遷是由中國人創造的,也是為中國人創造的,目的是讓美國製造業

失去競爭力」（後來他說這只是一個笑話）。他也認為應該將全球暖化（global warming）重新命名為氣候變遷（climate change），因為暖化這說法不對。這說法也顯示其對於氣候變遷瞭解有限，因為氣候變遷的確是正式的稱呼，而全球暖化較偏向俗稱。氣候（climate）與天氣（weather）的觀念在他的說法中也混淆在一起，用紐約的寒冷天氣來否認暖化（It's freezing in New York — where the hell is global warming?）。但事實上，每年地表溫度越來越高是明確的科學事實，變遷的是氣候，不是天氣。

這類反科學的態度引來了許多專家和媒體的批評。譬如哈佛大學環境法執行主任約瑟夫‧戈夫曼（Joseph Goffman）認為，川普是一位「氣候虛無主義者」（climate nihilist），因為他「對氣候變遷的一切不予置信」（believes nothing on climate change）[7]。美國國家地理雜誌也早在 2016 年川普贏得剛剛大選之後發布的一篇文章中敘明，川普對氣候變遷的否認將帶來「全球性的危險」（global dangers）[8]。

美國是世界最大經濟體，政治與軍事力量也非常龐大。美國政府退出對抗氣候變遷的行列對全球的氣候任務有著根本性的影響。拜登在 2020 年 1 月成為新任總統後，隨即開始重新啟動美國的角色，然而這關鍵的空白 4 年得讓全球的科學家、民間團體、年輕世代和更多國家政府與企業付出更沉重的代價。

化石燃料利益相關人士

資訊是可以操作的，富有的化石燃料業者長年以來花費許多經費，進行美國等重要國家的國會遊說與政府遊說，透過支持特定智庫與政治團體，製造與操作假訊息，誘導更多人懷疑氣候變遷，進而更願意停留在「碳鎖定」的情境中。

圖 2-3-7　美國前總統川普在否認氣候變遷方面的各種論述
資料來源：https://www.bbc.com/news/world-us-canada-51213003

　　2019 年，具高度全球影響力的企業、氣候與金融智庫：「影響地圖」（Influence Map）發布的《石油大亨的真實氣候議程》（Big Oil's Real Agenda on Climate Change）報告顯示，全球五大石油和天然氣公司每年花費 2.01 億美元用於遊說、控制，延遲或阻止具有約束力的氣候政策。英國石油公司（BP）在氣候遊說的年度支出最高，為 5,300 萬美元，其次是殼牌（Shell），為 4,900 萬美元，埃克森美孚（Exxon-Mobil）為 4,100 萬美元。雪弗龍（Chevron）和道達爾（Total）每年各花費約 2900 萬美元[9]（見圖 2-3-8）。與此同時，這些公司每年花費 1.95 億美元用於說服公眾，表明他們承認氣候問題並支持應對氣候變遷的行動，但事實上，與繼續擴大石油和天然氣業務所支出的費用相比，只有 3% 的支出真正用於低碳項目[10]。

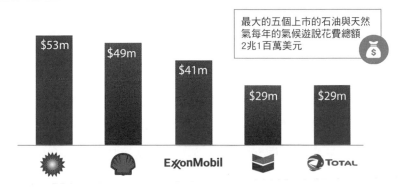

石油與天然氣公司每年花費在氣候遊說上的金額

最大的五個上市的石油與天然氣每年的氣候遊說花費總額2兆1百萬美元

$53m

$49m

$41m

$29m

$29m

ExxonMobil

TOTAL

圖 2-3-8　五家最大的化石燃料公司的反氣候變遷支出

資料來源：[10]

2020 年 6 月，美國明尼蘇達州總檢察長起訴埃克森美孚正在進行「欺騙運動」（a campaign of deception），蓄意破壞支持全球暖化的科學[11]。該公司在 1980 年代發布了與當時為該公司工作的氣候科學家馬蒂‧霍弗特（Marty Hoffert）的發現相衝突的結論，而他是最早建立氣候模型，預測氣候變遷影響的科學家之一。

儘管如此，部分化石燃料的巨頭否認氣候變遷的行為依然在繼續，試圖弱化燃燒化石燃料產生碳排放的責任。對氣候行動人士的攻擊也是一種策略，譬如一些人稱格蕾塔‧童貝里這樣積極採取氣候公民行動的年輕人為極右翼的「氣候虐待狂」（Climate sadism），來模糊問題的焦點。

人們還是得認清氣候變遷的科學事實，避免自己被刻意操弄而不自知。

2-3-3 消費文化與認知失調

聯合國永續發展目標 SDG 12 是「負責任的消費與生產」（responsible consumption and production），消費置於生產之前是有意義的。因為，消費引導了生產，而亞當‧斯密（Adam Smith）曾說：「消費是所有生產的唯一目的與用途。」消費社會是人類邁入工商社會的特徵，生活模式不再是自給自足，而是透過交易取得需要的商品。消費的行為演化出消費文化 [1]，且具有感染性。心理滿足感，而非物品交易本身，成為購買行為的重要動機，進而涉及到生活風格、階級品味、慾望認同等 [2]。

過度消費造成全球碳排放持續上升

過度消費是造成全球碳排放持續上升的基本原因。譬如眾所周知的快時尚，讓許多人購買許多幾乎沒有機會穿的衣物，或穿幾次後就丟棄；手機還堪用，但隨著新潮品牌的新機推出，又花高價購買新機型，以向朋友炫耀，但大部分的功能根本用不上。此外，現代的廣告與行銷策略融入社群媒體，使消費動機變得複雜。消費本身成為過程，而非目的。購買不實用的首飾、皮包、豪車是為了在社群媒體上炫富。以下簡要說明幾種引發過度消費的消費文化。

●「貪小便宜」的衝動性消費

百貨公司促銷，於是便去買了很多單價降低，但總消費爆量的物品，其中許多是不需要的。相對的貪小便宜事實上損失更大，但從眾心態與限時、稀缺性引發衝動性消費（Impulse buying），總體而言造成資源的浪費與碳排放的持續增加。

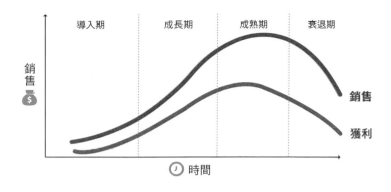

圖 2-3-9　產品生命週期示意圖
資料來源：[3]

●「效率導向」的消費文化

　　現代人忙碌，連消費都要省時間。便宜與方便這二大要素，完全符合快速、省時的購物行為需求。在飲食方面追求「速食、即食」，配合運輸物流更使得跨區域取得新鮮食材、快速上桌的餐飲模式成為可能；在穿搭追求「速食時尚」，從設計、生產，到上架發售的各步驟均以高速進行。這樣的消費與生產模式造就了越來越短的產品生命週期：前述的手機一般一到二年，而服飾通常不到半年[3]（圖2-3-9）。消費更多，丟棄也更多，造成資源浩劫、環境污染，過度生產也引發血汗工廠、童工壓榨等問題[4]。不僅碳排放量增加，也造成更多社會不公平。

網路消費的副作用：「想要」凌駕「需要」

　　疫情期間，許多人藉由網路消費避免人與人的接觸，衍生非常多的包裝廢棄物與點對點運輸，都代表更多的資源消耗與碳排放量。品牌競爭造成更多特殊包裝與客製化服務，小量生產也進一步提升消費的碳排放量[5]。

「需要」源自於生理需求，而「想要」來自於內心慾望，而在經濟活動不斷成長的現代，想要總是超過需要。現在的市場機制與消費文化就是隨時引誘消費者消費更多，運用各種動人的宣傳，讓大家購買更多不需要的東西。

作為消費者，我們若能對上述的幾類現象有較多的理解，就比較能夠抗拒非必要消費，讓生產者可以少消耗些資源，也讓供應鏈的碳排放量能夠下降。根據「世界經濟論壇」於 2021 年出版的《供應鏈的淨零挑戰》所示，許多消費型終端商品的碳排放有 80% 以上來自於範疇 3（詳見第 248 頁）[6]，這也說明了生產消費行為衍生的外部碳排放量相當高，不是在購買時就把「碳帳」也結了。

氣候認知失調的雙面人生

前述的各種消費文化與消費行為，究其核心就是心理學。人們在依據心理學設計的操弄實驗中紛紛中計，驗證了行銷的模式確實可行。就政策傳播與氣候行動的角度來看，氣候變遷本身也就是一個非常廣泛、跨域、複雜的棘手難題，不僅與政府、企業、社會的發展與變革相關，也與每一個人的行為模式有關。氣候傳播與環境心理學的研究顯示，就算我們透過教育與學習建構了對於氣候科學的理解，也知道氣候已經進入緊急狀態，且我們依賴的生活方式正陷入鎖定的困局中，我們仍然不見得會積極採取行動。最後一層阻礙通常就是人類自己的思想建構的「行動過濾器」。

我們對事物的認知與真實狀況之間通常存在偏誤，這是一種普遍的現象，也塑造了人們行動與改變環境的動力。然而，在尚未實現預想的目標之前，我們常萌生諸多疑慮與不安，甚至半途而廢，這就是心理學家說的「認知失調」（cognitive dissonance）[7]。現代人的生活情境中的每一項自認必要的行為，譬如開燈、吃肉、開

車、使用熱水、使用冰箱保鮮、打開冷氣降溫……，都與溫室氣體排放密切相關，且我們也知道這會造成更嚴重的氣候變遷。然而，基於很多很多原因或理由，我們還是會繼續做這些事情。關鍵在於，一切如常（business as usual, BAU）的舉動並不會為我們帶來明顯而立即的傷害，現在搭越洋飛機旅行，不會導致目的地的天氣馬上變壞，或發生森林大火。

這無關乎道德的墮落，更多是關於一種對改變付出的個人成本、集體效益和後果之間的落差的權衡，正如加拿大英屬哥倫比亞大學（UBC）的環境心理學家羅伯特·吉福爾（Robert Gifford）所說：「沒有人願意相信他們的日常活動要為一場全球災難負責，即使這場災難已經使數百萬人成為氣候難民並造成許多死亡案例。」[8]。為了避免承認這種關聯性產生的痛苦和內疚感，人們會傾向於改變他們對這個問題的看法，而不是改變他們的習慣，因為這是一種心理上更容易應對壓力的方式。

圖 2-3-10 總結了氣候認知失調和人們的應對模式。正如前面所說，兩種相互矛盾的認知（個人的碳排放 vs. 碳排放導致氣候變遷）引起了失調的狀況，而大腦常見解決技巧是的修改認知、改變認知的重要性、自我安慰和否認兩種認知的關聯性。例如，一位日常用電量很大的人，在個人房舍的屋頂裝置了太陽能光電板之後，便合理化了自己的耗電行為與碳排放，就算太陽能光電僅占他日常用電的極小比例。他就可能因此過著「一手享受高碳排生活紅利，一手使用潔淨能源」的雙面人生（double life）。

為了克服這人類的 DNA 中隱藏的「演算法」，氣候心理學家波·艾斯本·史托克尼斯（Per Espen Stoknes）建議將氣候行動轉化為「更簡單的行動」（simplier actions），以有效地克服認知失調引

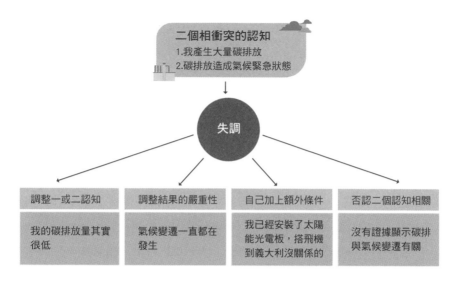

圖 2-3-10　認知失調的應對模式
資料來源：修改自：https://www.youtube.com/watch?v=if9LBQm_yqA

起的不作為，讓氣候友善行為變得自發和方便[9]。這其實也就是「設計思考」，藉由良好的制度政策設計，引導人們自然地產生永續行為。譬如，在自助餐廳提供較小面積與容量的餐盤以減少食物浪費（雖然 buffet 這種飲食方式本身就造成食物浪費），或提供在地的解決方案，譬如簡單的共乘媒合 APP，降低社區通勤排放量。整個社會藉由政府、候選人、學校、社區、家庭倡議行動與干預措施，連結個人努力與獲得（譬如累積點數兌換咖啡），皆可擴大參與，成為有規模的公民行動，產生具體的衝擊[10]。

2-4 認識臺灣的能源處境

當世界先進各國幾乎都朝向減少碳排放的發展路上前進時，臺灣的碳排放量卻未見大幅減少，其原因與臺灣電力能源主要的生產方

圖 2-4-1　臺灣最大的基載電廠：臺中火力發電廠（中央社提供）

式有關。目前燃煤發電或天然氣發電仍為主要的電力產生方式，直接造成電力的碳排放係數與人均碳排放居高不下。

臺灣因受到面積較小、人口稠密，且為島嶼地形的先天限制，電網無法與其他國家或地區相連，無法像歐洲國家之間可以在電網中相互支援，或者美國或中國大陸有大型電網可以優化調控。我們該使用怎麼樣的能源配比，一直沒有明確的社會共識，且隨著不同的執政者的政策變動，使得產業發展與民眾生活的穩定性面臨挑戰。我國相關工商團體與若干外國商會也多次呼籲政府應面對供電穩定議題。

能源與供電穩定、電價合理是傳統上的基本要求，現在低碳排放成為關鍵要求，若還加上非核等能源選項的限制，得到優化解答的難度就更高了。然而，這是全世界各國都面臨的挑戰，我們也需正面迎戰，努力轉型，以具備未來的競爭力。

2-4-1 臺灣的能源來自何方？

在臺灣過去數十年由農業社會轉型為工商社會的過程中，臺灣的能源需求量暴增，但臺灣幾乎沒有自產能源，能源高度依賴進口。

能源供給高度依賴進口，影響出口競爭力

2021 年我國進口能源量為 140.70 百萬公秉油當量，全國能源總供給量為 143.97 百萬公秉油當量，我國能源進口率為 97.73%[1]。此外，能源供給系統為孤島型態，欠缺備援系統，能源供應及能源價格易受國際能源情勢影響。能源政策需同時考慮能源安全與民生經濟發展、合理價格等，非常具有挑戰性 [2]。

我國初級能源供給結構以化石能源為主，而其中發電結構化石能源比例相當高。2022 年我國發電結構中化石能源占 79.6%，相較其他同樣依賴進口能源的亞洲鄰國，韓國約為 58.6%（2022 年）[3]、日本為 72.4%（2022 年）[4]，而其中日本乃因 2011 年福島核災後，核能機組停轉檢修，大量使用燃煤及天然氣機組替代所致，原來沒有那麼高。

這樣的背景造成我國面臨溫室氣體排放壓力及空氣污染問題外，亦將造成電力碳排放係數偏高，增加我國產品的碳足跡，進而影響出口競爭力。圖 2-4-2 為台電系統歷年發購電量與各種發電來源的配比變化，近年燃煤發電與核能發電比例明顯下降，而由天然氣發電取而代之 [5]。

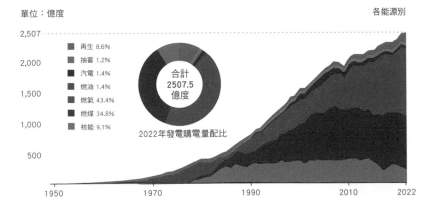

單位：億度   各能源別

2,507
　　■ 再生 8.6%
2,000　　■ 抽蓄 1.2%
　　　■ 汽電 1.4%
　　　■ 燃油 1.4%　　　　　合計
1,500　　■ 燃氣 43.4%　　　2507.5
　　　■ 燃煤 34.8%　　　　　億度
1,000　　■ 核能 9.1%
　　　　　　　　　2022年發電購電量配比
500

1950　　　　1970　　　　1990　　　　2010　　2022

圖 2-4-2　臺灣歷年發電結構變化與 2022 年的配比
資料來源：[5]

我們都是排碳高手！

依據國際能源總署 IEA/OECD 於 2021 年出版之能源使用二氧化碳（CO_2）排放量統計資料顯示，我國 2021 年能源使用 CO_2 排放總量為 267 百萬公噸，占全球排放總量的 0.76 %，全球排名第 22 位；每人平均排放量為 10.77 公噸，全球排名第 19 位；碳排放密集度為 0.23 公斤 CO_2/ 美元，全球排名第 49 位，表 2-4-1 顯示臺灣與若干國家和全球的相關數據的比較[6]。

然而，由於前述我國火力發電總比例仍約八成，再生能源比例不到一成。雖然近年煤炭使用量下降中，但以同為化石燃料的天然氣替代，電力碳排放係數仍然居高不下。根據經濟部公布的數字，2021 年與 2022 年我國的電力碳排放係數分別為 509 與 495 公克 CO_2-e / 度[7]。此外，根據知名科學數位刊物《數據看世界》（Our World in Data）的統計，2022 年我國的電力碳排放係數為 561 公克 CO_2-e / 度[8]，在全球當 88 個列入統計的國家或地區中，排名第

表 2-4-1　臺灣與全球和若干國家的燃料燃燒二氧化碳排放量相關指標的比較

國別	CO_2 排放量 百萬公噸 CO_2	占比	排名	人均排放量 公噸 CO_2 排放量／人口	排名	碳密集度 公噸 CO_2 排放量／GDP （PPP）	排名
全球	33,622			4.39		0.26	
中國大陸	9,876	29.38%	1	7.07	33	0.43	17
美國	4,744	14.11%	2	14.44	11	0.24	45
日本	1,056	3.14%	5	8.37	22	0.20	60
韓國	586	1.74%	7	11.33	17	0.27	37
中華民國 （臺灣）	256	0.76%	22	10.77	19	0.23	49
荷蘭	146	0.44%	32	8.44	21	0.16	79
新加坡	47.4	0.14%	56	8.31	23	0.09	123

資料來源：[6]

表 2-4-2　若干國家的全國電力碳排放係數與排行

國家	電力碳排放係數 噸 CO_2-e/ 度 （kW-hr）	排行	國家	電力碳排放係數 噸 CO_2-e/ 度 （kW-hr）	排行
南非	709	3	南韓	436	32
波蘭	635	6	德國	385	38
印度	635	7	英國	257	57
菲律賓	582	9	烏克蘭	206	66
中華民國 （臺灣）	561	12	丹麥	181	71
中國大陸	531	15	芬蘭	131	78
澳洲	503	18	法國	85	84
新加坡	489	23	瑞典	45	86
日本	483	26	挪威	29	88

資料來源：整理自 [8]

12 高。圖 2-4-3 為世界各國的電力碳排放係數一覽，我國因係數高於 500，屬於最高的一群。表 2-4-2 列出若干我們比較熟悉的國家的電力碳排放係數，可以讓我們更清楚臺灣在全球的位置。

　　無論我國的產業結構為何，我國唯一電網的碳排放係數居高不下，造成我國的各類商品的產品碳足跡更容易比其他國家高出一截。譬如，根據美國康乃爾大學旅館管理系於 2020 年製作的全球各地旅館的碳足跡研究，就可以發現這數字與該城市所在地的電力碳排放係數直接相關 [9]。

　　若以每平方公尺房間面積的碳排放計，阿布達比、台北、上海、東京、芝加哥、巴黎的碳足跡分別為 251、124、104、89、71、23 [10]，

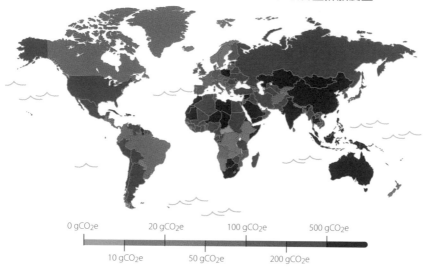

電力碳強度以每度(千瓦小時)電的二氧化碳當量排放度量

0 gCO₂e　　20 gCO₂e　　100 gCO₂e　　500 gCO₂e

10 gCO₂e　　50 gCO₂e　　200 gCO₂e

圖 2-4-3　2021 年世界各國電力碳排放係數分布圖，臺灣屬於最高群
資料來源：[8]

台北的旅館碳排是巴黎的好幾倍！目前許多國際企業在考慮成員出
國商務旅行計畫時，更考慮旅館的碳足跡是否合理，以避免大幅增
加其範疇 3（詳見第 248 頁）碳排放量。電力碳排放係數的影響是
全面性的，更是一個國家的「進步 vs. 落後」的指標。

臺灣褐色經濟的代價 — 隱藏的能源成本

國際貨幣基金（IMF）明確指出，化石燃料的生產者與消費者，
若未負擔化石燃料衍生的空氣污染以及全球暖化等外部成本，就能
視其為對化石燃料的補貼。使用化石燃料將會衍生氣候變遷、空氣
污染、減損生物多樣性等環境衝擊，但此類環境衝擊並未反映至產
業與民眾的能源使用成本之中。

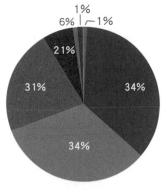

1%
6% 1%
21%
34%
31%
34%

- 稅前補貼
- 全球暖化
- 空氣污染
- 塞車
- 意外
- 道路損害
- 消費稅減免

圖 2-4-4　2015 年我國化石燃料外部成本補貼的組成

資料來源：[11]

　　臺大風險中心於 2019 年指出，根據國際貨幣基金組織（IMF）於 2015 分析，臺灣 2013 年時未含外部成本時的總化石燃料補貼為 3.1 億美元，但將空氣污染、溫室效應、塞車等環境外部成本納入評估，補貼額度達到 265 億美元；而這份補貼於 2015 年預估成長至 316 億美元（約達新臺幣 1.1 兆元），占 GDP 的 5.43%（參見圖 2-4-4），高於亞鄰的日本 3.2%、香港 3.1%、韓國 0.7% 和新加坡 2.5%，而中國大陸的 20% 占比則遠高於以上各個國家。國際貨幣基金分析的先進經濟體中，臺灣對化石燃料的補貼占 GDP 的比例僅低於捷克[11]。根據 IMF 於 2022 年更新的資料庫，可以發現臺灣在 2020 年的化石燃料與電力的總補貼的數字為 25.8 億美元，而此為僅考量能源供應成本與售價之間的差距；若考量具有效率的價格與售價之間的差距，則此總補貼額高達 436 億美元[12]。

　　化石燃料補貼的後果，包括經濟體制對化石燃料產生的依賴性。我國為全球煤炭使用大國，2019 年進口量為全球第 5 名，使用量

表 2-4-3　2021 年各國平均電價比較

國際能源總署（IEA）、Enerdata2022 年發布之最新統計資料與亞鄰各國電價資料

住宅用電					
排名	國別	臺幣元／度	排名	國別	臺幣元／度
1	馬來西亞	1.4852	17	荷蘭	5.3346
2	中國大陸	2.2138	18	捷克	5.7874
3	墨西哥	2.3539	19	芬蘭	6.3306
4	臺灣	2.6365	20	希臘	6.3548
5	土耳其	2.7064	21	法國	6.4078
6	南韓	3.0389	22	瑞士	6.5731
7	匈牙利	3.3091	23	日本	6.7307
8	加拿大	3.4875	24	葡萄牙	7.0574
9	泰國	3.5028	25	奧地利	7.1576
10	美國	3.8427	26	澳洲	7.2858
11	哥倫比亞	3.3654	27	英國	7.8159
12	菲律賓	4.9600	28	愛爾蘭	8.3072
13	新加坡	5.0664	29	西班牙	8.7436
14	挪威	5.0706	30	比利時	9.4801
15	智利	5.2668	31	丹麥	9.5356
16	波蘭	5.3006	32	德國	10.6498

註：1. 表列數值原係以美元計算，臺幣對美元換算匯率為 1 美元 =28.022 臺幣
　　　（2021 年平均匯率）。

　　2. 以上為含稅價格。

資料來源：[14]

		工業用電				
排名	國別	臺幣元 / 度	排名	國別	臺幣元 / 度
1	美國	2.0355	17	葡萄牙	3.7317
2	馬來西亞	2.2978	18	法國	3.8115
3	芬蘭	2.3417	19	立陶宛	3.8223
4	臺灣	2.5822	20	荷蘭	3.8642
5	加拿大	2.5950	21	瑞士	3.8713
6	匈牙利	2.6334	22	奧地利	3.9483
7	南韓	2.6783	23	西班牙	4.0853
8	土耳其	2.7048	24	日本	4.1130
9	中國大陸	2.7182	25	比利時	4.4671
10	挪威	2.7408	26	希臘	4.5271
11	泰國	2.8303	27	墨西哥	4.5957
12	盧森堡	3.1219	28	澳洲	4.768
13	哥倫比亞	3.1689	29	智利	4.8048
14	波蘭	3.3577	30	愛爾蘭	4.8591
15	捷克	3.4360	31	德國	5.2081
16	丹麥	3.5932	32	英國	5.2652

為全球第 6 名 [13]。由於電力約有 8 成來自於化石燃料,加上補貼政策,我國電價低得不合理。根據國際能源總署(IEA)、法國能源統計所(Enerdata)2022 年之最新統計資料與亞鄰各國電價資料,2021 年我國住宅電價與工業電價均為全球第 4 低 [14]。

表 2-4-3 列出我國與一些國家的電價比較,德國、丹麥等歐洲國家的住宅電價約為我國的 4 倍。

廉價的初級能源與電力反映了一個事實:無論我國的企業或個人,各種外部成本並未納入真正的會計報表中。在以低碳、零碳為核心價值的「淨零年代」,這樣的補貼與 2021 年通過的格拉斯哥氣候協定「削減沒有效率的化石燃料補貼」方向不同。當然,去除化石燃料補貼這樣的呼籲已經在國際社會中討論了數十年,而我國長期以來也慣於倚賴這政策保護下,忽略包括氣候變遷在內的環境成本與民眾健康成本等因素,建構起來的其實是表面光鮮亮麗,但實質上污染環境與傷害健康的「褐色經濟」(brown economy)。

不過,在去全球化與保護主義浪潮興起,戰爭取代和平成為現實的今日,未來全球的發展充滿了不確定性。然而,少數可以確定的趨勢即為氣候變遷將日趨嚴重,且國際社會對於淨零排放目標衍生的管制措施會越來越嚴格。我們必須快速面對,以免危及未來整體的國家競爭力。

2-4-2 搭上淨零排放的上升氣流

2020 年 9 月,中國大陸宣布 2060 年碳中和目標。在各界感到意外,仍在討論其戰略意涵與產業影響時,同年 10 月下旬日本與韓國也相繼宣布 2050 達到碳中和。此時,距離美國總統大選不到一個月,全球已經可以感受到與當時川普政府明顯不同的氣候行動方

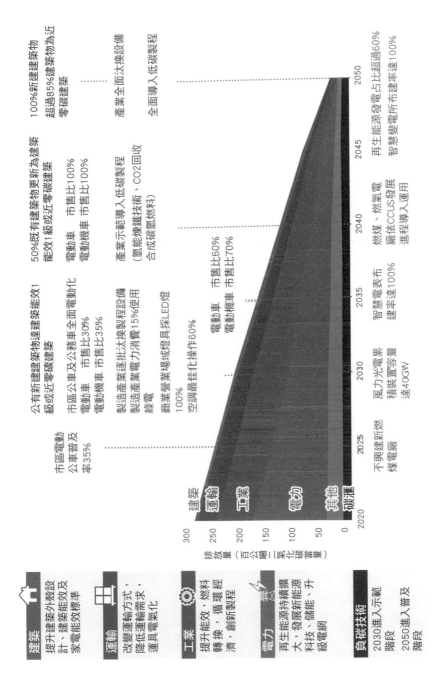

圖 2-4-5　2022 年 3 月公布的我國 2050 淨零排放

資料來源：[1]

建築
提升建築外殼設計、建築能效及家電能效標準

運輸
改變運輸方式，降低運輸需求、運具電氣化

工業
提升能效、燃料轉換、循環經濟、創新製程

電力
再生能源持續擴大、發展新能源科技、儲能、升級電網

負碳技術
2030進入示範階段
2050進入普及階段

向。2021 年 1 月，美國總統拜登就任後的第一件事情，就是簽署美國重返巴黎協定的文件。此時，國際社會已經明顯感受到減碳的風潮即將湧起。

臺灣 2050 淨零排放路徑與關鍵戰略

臺灣自然無法自外於國際潮流之外！在美國總統拜登宣告美國的目標時，蔡英文總統也在臉書上宣告了 2050 淨零排放的目標。真正的公開正式宣告則於 2021 年 10 月 10 日，在中華民國國慶日紀念典禮上宣布了 2050 淨零排放目標，正式為全國的淨零排放政策方向奠定基礎。

接下來的一年多，到 2023 年 1 月「溫管法」修法為《氣候變遷因應法》完成之前，在各界的期待之下，行政院於 2022 年 3 月公布了「臺灣 2050 淨零排放路徑及策略總說明」，仿造國際能源總署（IEA），以建築、運輸、工業、電力四大部門碳排放的變化路徑描繪出來，也以 5 年為單位搭配關鍵的里程碑與相應策略 [1]。譬如，2030 年時，市區公車與公務車全面電動化，製造業電力消耗中 15% 使用綠電；2040 年時市售車輛與機車全面電動化，一半的既有建築物更新為建築能效一級或「近零碳建築」；到了 2050 年達到全面淨零排放。在圖 2-4-5 中，也將碳匯繪出，作為溫室氣體的移除（removal），以抵銷無法歸零的排放量，以達到淨零排放。

淨零排放路徑不僅是一張圖，更是淨零行動的預期軌跡。這樣的深度減碳不是依靠展現決心或許下願望就可達成，必須在政策規劃下，透過關鍵領域的技術創新與帶動產業綠色轉型，讓需要成本的減碳活動帶動經濟成長。此外，如同我們在之前提到的，氣候變遷本身早已不能使用純然的環境議題視之，與氣候相關的投資與融資

等扮演關鍵的角色，帶動整體經濟發展朝低碳、淨零的方向走，也提供過渡時期的社會穩定力量。

以永續發展的角度出發，氣候變遷是經濟、社會、環境兼容並蓄的整合議題，若欲透過氣候行動以達成終極目標，因其複雜性、整體性、綜合性均強，已超越了「管理」的範疇，而應以「治理」（governance）的角度定位。我國 2050 淨零排放路徑報告中標舉了四大轉型：能源轉型、產業轉型、生活轉型、社會轉型，並以二大治理：科技研發與氣候法制作為基礎。

從另外一個角度來看，氣候治理的目標達成需經歷生命週期中的四個階段，即宣示（pledge）、計畫（plan）、執行（proceed）、發布（publish），在宣示之後，需要精密的計畫與認真的執行，最後才能夠有信心地發布成果。在宣示 2050 淨零排放路徑後，行政院在 2022 年 12 月底宣布「十二項關鍵戰略」，分別就風電 / 光電、氫能、前瞻能源、電力系統與儲能、節能、碳捕捉利用及封存、運具電動化及無碳化、資源循環零廢棄、自然碳匯、淨零綠生活、綠色金融、公正轉型提出 2025、2030、2050 各年的目標與相應的策略。

以自然碳匯為例，目標為在 2040 年增加 1,000 萬公噸碳匯量，策略包括「綠碳」（森林）的增加森林面積、加強森林經營、提高國產材利用；「黃碳」（土壤）的強化土壤管理方式、建構負碳農法；「藍碳」（海洋）的海洋與陸地碳匯量測方法學建構、發展複合養殖經營模式、建構增匯管理措施與水產植物復育等 [2]。

在這十二項關鍵戰略的規劃公布後，由行政院國家科學委員會協助成立，並贊助至 2021 年的「臺灣科技媒體中心」邀請不同領域的專家，檢視相關內容後，提供看法與建議。學者專家們就時程規劃、科技發展、成本效益等不同角度提供了非常精準的意見。譬

地球暖化 2.0 小百科

核能發電、永續分類法與 2050 淨零排放

核能發電在臺灣與全球的發電配比中，一直占有一席之地。無論以「化石燃料 vs. 低碳燃料」「再生能源 vs. 非再生能源」、「基礎負載 vs. 非基礎負載」的分類，或以其使用的優勢與問題點來看，核能的屬性均有其特殊性。核能並非化石燃料，屬於低碳能源；然而，核能並非再生能源，雖然鈾的使用量相對於煤炭、石油、天然氣小很多；在電力系統中，核能發電與化石能源一樣屬於基礎負載（基載），能夠維持電網的穩定，與再生能源因先天限制而具「間歇性」不同（詳見第 226 頁）。

核能發電的優勢，包括運轉階段的極低碳排放、燃料體積小且使用期限長、運作穩定等。當然，長期以來核能發電的安全性也備受關切，核廢料的處置與去處等也是沒有終極解答的爭議話題。在 2011 年的日本 311 福島大地震的海嘯造成核能電廠災變之後，各界對於核能發電廠的安全性更加關注。2014 年時日本的核能發電曾經完全關閉，但後來陸續恢復。2021 年時核能發電占比約 7.2%[1]。2021 年全球核能發電占比約為 10%，比例較高而一般國人較熟悉的國家包括法國（69.0%）、比利時（50.8%）、匈牙利（46.8%）、捷克（36.6%）、瑞典（30.8%）、瑞士（28.8%）、南韓（28.0%）[2]。

歐盟於 2020 年 6 月公布「永續分類法」（The EU taxonomy），建立一個符合環境永續原則的經濟活動（environmentally sustainable economic activities）清單，提供關於永續投資的適當定義給公司、投資者與決策者，降低投資的不永續風險，防止企業可能的漂綠作為。

永續分類法以氣候變遷減緩、氣候變遷調適、水與海洋資源永續利用與保護、轉型至循環經濟、污染預防與控制、生物多樣性及生態系統之保護與復原等 6 個環境目標作為判定標準，初期先以第 1 個目標：氣候變遷減緩作為核心[3]。初期的永續分類法中並未納入核能發電，但在 2022 年 2 月俄烏戰爭爆發後，天然氣等化石燃料的供應不穩定，且歐盟需達到 2050 淨零排放目標與 2030 年的階段目標，促使歐洲議會在 2022 年 7 月表決通過永續分類法的《氣候授權

補充法》條文，將核電與天然氣有條件納入[4][5]，成為永續能源的一類。後包括奧地利在內的若干歐盟國家試圖翻轉該決議，但未成功。條文於 2023 年 1 月份正式生效[6]。

核能發電科技也在各方關切下持續發展，2023 年 1 月美國核能管理委員會核准了「小型模組反應爐」（small modular reactor, SMR），開啟了新型核能發電的設計與概念的時代[7]。雖然離商轉還有頗長的時間，然一般認為將來 SMR 有可能用於資料中心等具有單獨電力需求，且不必然位於城市中心的設施。

在第 1 章曾述及國際能源總署（IEA）就未來全球能源使用與碳排放之間的對應關係，相對於巴黎協定之前的排放基線（Pre-Paris baseline）發展出三個情境：既有政策情境（STEPS）、宣示目標情境（APS）、2050 淨零排放情境（NZE）[8]。圖 2-4-a 為對應於各情境的到 2050 年之前的二氧化碳排放與相應於 NZE 情境的各主要發電來源的配比。太陽能與風能將分居主要的發電來源，比例介於 20～30%，後續即為水力發電與核能發電，而依賴化石能源的火力發電比例將非常小。

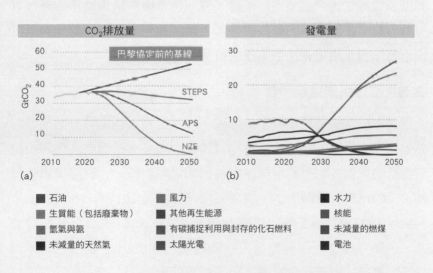

圖 2-4-a　　(a) IEA 的三種未來能源情境對應的碳排放與
　　　　　　(b) 2050 淨零排放情境（NZE）對應的各種發電來源配比

資料來源：[8]

如，太陽能規劃目標為 2025 年裝置容量達到 20GW，然而累計至 2022 年的裝置容量僅達 10.5GW，在 3 年內若要達到 20GW，需要克服的法規與社會溝通等問題多，整體難度高。在森林碳匯方面，學者提出相當多意見，譬如我國森林禁伐令將阻礙碳匯的開發。此外，碳匯的取得需有明確的實施計畫與啟始日期，山坡地造林計畫過去成效不理想，農民參與意願不高，取得造林土地不容易等等。在氫能方面，各學者觀點多元，基本上認為，由於臺灣的再生能源比例偏低，不易在短期內發展出綠氫，應強化布局國際綠氫市場，除了採購之外，並應建置相應之接收與運送設施等 [3]。

「公正轉型」這關鍵戰略展現了政府必須面對「不放棄任何人」的原則，就勞工就業、產業發展、區域均衡、民生消費、政府治理各方面考量低碳轉型過程中可能衍生的問題。另一方面，這也顯示出從現在到 2050 年，達到淨零目標的路徑不見得暢行無阻，過渡的階段很可能比原來預期的更長。譬如機車與汽車電動化的歷程有可能因為考量原產業的發展與勞工生計，還有電力碳排放係數下降得不夠快、充電樁普及率未達到目標等原因而拉長。

臺灣企業與民間邁起步伐

世界在以飛快的速度轉型，低碳、淨零已經不是趨勢，而是方向確定的既成事實。我國是高度出口導向的國家，在國際供應鏈中扮演重要的角色，也受到全球淨零排放的趨勢衝擊。「碳邊境調整機制」（CBAM）管制的 248 項商品由經濟部於 2021 年 10 月評估，其中，有 212 項為臺灣出口到歐盟的產品，具鋼鐵製造業影響最多，金額高達 248 億臺幣，占歐盟總出口 3.6% [4]，雖然在初期對於臺灣整體的產業衝擊有限，仍不能等閒視之。

圖 2-4-6　臺灣氣候聯盟第一屆理監事成員及創始會員代表（臺灣氣候聯盟提供）

資料來源：[5]

況且，全球供應鏈中並非僅有歐盟在訂定邊境碳稅規則，美國、日本等國也正發展中。美國參議院於 2022 年 6 月提出美版碳關稅：《清潔競爭法案》（Clean Competition Act，簡稱 CCA），最快可能於 2024 年就上路，CBAM 加上 CCA 涵蓋我國超過二成以上的出口，不可等閒視之 [4]。

從 2021 年開始，臺灣各大企業因應全球淨零風潮，紛紛投入各種國際的減碳倡議，並在企業中成立相關單位，積極面對這爆發的趨勢。諸多企業也紛紛成立以「淨零」為名的各類聯盟，運用群體力量，相互激勵與觀摩，共同努力。網路上公開可查詢的相關單位

包括臺灣淨零行動聯盟、臺灣 50 淨零解方聯盟、臺灣碳淨零學院、臺灣淨零排放協會、臺灣淨零排放碳中和協會、臺灣零碳協會等等，組成與運作方式不盡相同，但皆以企業本身的淨零排放與推廣相關的技術、管理與訓練為重點。

2022 年 8 月，由 8 家領銜科技業的公司組成的「臺灣氣候聯盟」成立，創始會員包括友達、台達電子、台積電、臺灣微軟、光寶科技、宏碁、和碩聯合科技及華碩電腦等 8 家科技企業，主動帶動供應鏈減碳，以實際行動呼應國際品牌客戶要求，同時強化臺灣企業與各界對氣候變遷議題的重視 [5]（圖 2-4-6）。該聯盟成員的產值與國際影響力大，且從自身與供應鏈做起，其成立具有重大的指標意義。

此外，政府各部會也紛紛成立淨零辦公室或稱呼或功能相似的組織，地方政府也成立相關的計畫，宣布淨零排放目標。淨零排放的大勢底定，不可能走回頭路，政府、企業、機構皆須體認到，未來的世界將與過去大不相同。

2-4-3 邁向新紀元：氣候變遷因應法

2023 年 1 月 10 日，立法院三讀通過《氣候變遷因應法》，讓我國的氣候治理邁向了一個全新的紀元。該法共有七章、63 條，除了總則與附則之外，明確規範了政府機關的權責、氣候變遷調適與減緩的對策、教育宣導及獎勵，並且明確定義相關罰則。

氣候變遷因應法（7章，63條文）

總則
- 立法目的(1)
- 主管機關(2)
- 專有名詞(3)
- 減量目標(4)
- 相關法律及政策之權重管理原則(5)
- 因應氣候變遷相關計畫或方案之基本原則(6)
- 委託專責機構之定(7)

政府機關權責
- 中央機關權責事項(8)
- 行動綱領擬定之原則(9)
- 階段管制目標訂定之原則(10)
- 部門行動方案訂定之原則(11)
- 部門行動方案成果報告編寫規定(12)
- 調查及統計成果提交之規定(13)
- 氣候變遷因應推動會設置之規定(14)
- 減量執行方案訂修之規定(15)
- 主管機關應輔導事業之內容(16)

氣候變遷調適
- 調適能力建構事項(17)
- 研究發展(18)
- 調適行動方案訂定之原則(19)
- 調適行動方案訂定之原則(20)

減量對策
- 事業排放源盤查之規定(21)
- 查驗機構之行之事項(22)
- 產品效能標準(23)
- 排放源抵換之規定(24)
- 自願減量專案提出之規定(25)
- 減量額度用途(26)
- 國減量額度認可之規定(27)
- 徵收碳費之辦法(28)
- 碳費費率核定法(29)
- 減量額度核准(30)
- 避免碳洩漏之機制(31)
- 溫室氣體管理基金用途(32)
- 基金用途(33)
- 溫室氣體管制及排放交易易制度(34)
- 排放額度核配之規定(35)
- 排放額度移轉與交易之規定(36)
- 碳足跡核定申請之規定(37)
- 高溫暖化潛勢溫室氣體利用之規定(38)
- 碳捕足利用之規定(39)
- 檢查相關規定(40)
- 檢驗測定機構之規定(41)

教育宣導及獎勵
- 教育推廣相關事項(42)
- 各機關導與推廣之內容(43)
- 提供能源宣導之內容(44)
- 獎勵與補助(45)
- 公正轉型行動方案擬定之原則(46)

罰則
- 盤查與登錄不實(47)
- 規避、妨礙、拒絕檢查(48)
- 事業與查驗機構違規(50)
- 減量/排放額度移轉、交易違規(51)
- 違規使用高溫暖化潛勢溫室氣體(52)
- 碳補捉主行存違規(53)
- 碳足跡相關違規(54)
- 逃漏碳費(55)
- 事業未登錄足夠排放額度(56)
- 補正/改善/申報之規定(57)
- 處罰權責(58)
- 罰鍰權責(59)

附則
- 繳納代金、碳費之規定(59)
- 規費(60)
- 細則(61)
- 施行(62)

圖 2-4-7　《氣候變遷因應法》架構

圖片來源：自行繪製

落實世代正義、環境正義及公正轉型

《氣候變遷因應法》的立法宗旨為：「因應全球氣候變遷，制定氣候變遷調適策略，降低與管理溫室氣體排放，落實世代正義、環境正義及公正轉型，善盡共同保護地球環境之責任，並確保國家永續發展」。這簡短的立法宗旨已經說明了氣候變遷因應法的核心思維：在確保永續發展的總目標之下，我國應善盡己身之責任，因應全球氣候變遷，同時從調適與減緩二大面向著手，且需兼顧公正轉型，以落實世代正義與環境正義[1]。《氣候變遷因應法》的通過，象徵我國的氣候變遷治理更趨成熟。各章節與條文重點整理為圖2-4-7。

《氣候變遷因應法》（以下簡稱「氣候法」）與之前的《溫室氣體減量及管理法》（以下簡稱「溫管法」）在深度與廣度上都有很大的不同。「氣候法」強調提升氣候治理的層級，由行政院永續發展委員會協調分工與整合跨部會業務，不再以環保署為主。

此外，在條文中強化地方層級協調整合與公開與公民參與機制；該法也強化管制與誘因的機制，增訂製造、運輸及建築排放管理規定，新設排放源應採最佳可行技術 (BAT) 及增量抵換，強化公私部門自願減量；除了溫室氣體減量之外，該法增加了氣候變遷調適專章，強化調適能力的建構，以定期發行的科學報告為基準，明訂氣候變遷調適的推動架構，將原來的行政措施提升至法律的層級；碳定價相關條文也納入其中，將分階段徵收碳費，優先用於研發低碳與負碳技術及減量獎助。在本書撰寫過程中，環保署也正式升格為環境部，並設立氣候變遷署，期待未來氣候變遷因應法相關條文的執行更有系統性的資源與助力。

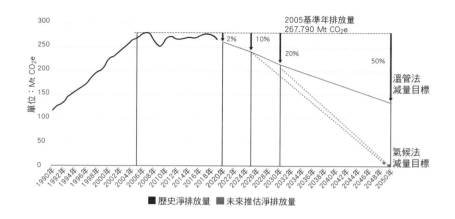

圖 2-4-8　溫室氣體階段管制目標之碳淨排放量示意圖
圖片來源：改編自臺灣 2050 淨零排放路徑及策略總說明簡報，國發會，2022

　　《溫室氣體減量及管理法》為我國第一個氣候變遷治理相關的法律，於 2015 年 6 月份通過。該法的通過，在當時也被視為我國氣候變遷治理的重大里程碑。因之前立法委員與行政部門的相關提案已經在立法院討論了長達 10 年之久，但每每因為政府缺乏決心與朝野無法達成共識，後終於在巴黎協定通過前幾個月，朝野協商通過，讓我國終於擁有了氣候變遷治理的相關法律，不至於在國際社會中因缺乏氣候法治基礎而居於落後地位。

　　當時的《溫室氣體減量及管理法》協商的關鍵重點即為在法律中明訂溫室氣體排放的減量目標與時間點，最後通過的條文為：國家溫室氣體長期減量目標為在 2050 年溫室氣體排放量降為 2005 年溫室氣體排放量 50% 以下，並且明定以 5 年為一期的階段管制目標 [2]。這 2050 年減量目標即為巴黎協定中的國家自訂貢獻（NDC，詳見第 138 頁），過去幾年以來，我國相關的減量工作與管制目標的訂定並不順利，各界均呼籲應加強力道，但企業界已經感受到很

大的壓力。然而，自從 2021 年美國總統拜登帶頭倡議各國達到巴黎協定標舉的 2050 淨零排放目標，且各國在短時間之內相繼宣告之後，《溫管法》規範的 2050 年排放量降到 2005 年的一半以下的目標就顯得不合時宜了。

臺灣的「國家自主減量貢獻」目標：2050 年零排放

在《氣候變遷因應法》中，國家溫室氣體的長期減量目標年仍然為 2050 年，然而目標值就很簡明扼要地訂為：「溫室氣體淨零排放」。若以具體的數字來看，原來在 2050 年的排放目標值約為 134 百萬噸 CO_2-e，現在則直接設為 0。這當然是個非常大的挑戰，在《氣候法》第 4 條也敘明，為達到這目標，「各級政府應與國民、事業、團體共同推動溫室氣體減量、發展負排放技術及促進國際合作。」除了這長期目標以外，原來在「溫管法中」規範了第一期（2020 年）、第二期（2025 年）、第三期（2030 年）的減量目標分別較 2005 年減量 2%、10%、20%（圖 2-4-8），現在同樣每 5 年需提出階段減量目標，在 2022 年底，行政院已經宣布 2050 淨零轉型之階段目標，將 2030 年的目標調整為比 2005 年降低 24.1%[3]。然而，格拉斯哥氣候協議的規範為 2030 年排放量應較 2010 年降低 45％，從圖 2-4-9 可瞭解我國 2010 年與 2005 年排放量差不多，我國對於 2030 年排放量的目標設定仍較國際標準保守許多 [4]。

溫管法都已經變成氣候法了，我國減碳成果如何？

2015 年 7 月《溫管法》上路，到 2023 年 1 月《氣候法》通過，我國減量的實際成效如何呢？圖 2-4-9 顯示，根據環境部 2022 年國家溫室氣體排放清冊報告，我國的溫室氣體淨排放量於 2017 年

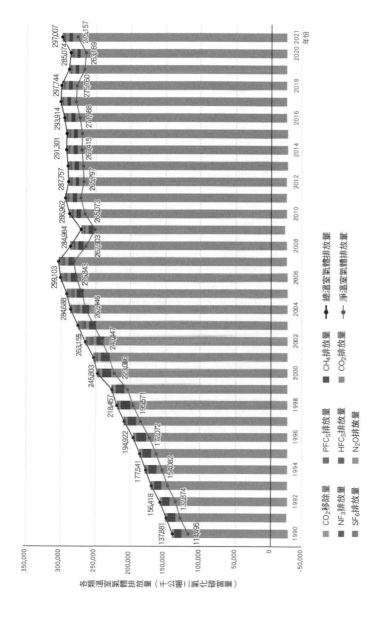

圖 2-4-9　臺灣 1990 年至 2021 年總溫室氣體排放量和移除量趨勢

圖片來源：[6]

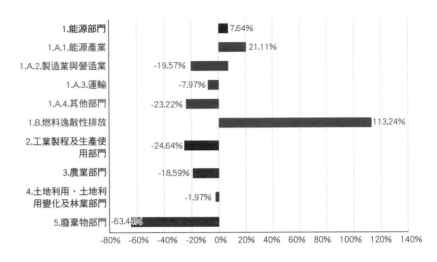

1.能源部門	■7.64%
1.A.1.能源產業	21.11%
1.A.2.製造業與營造業	-19.57%
1.A.3.運輸	-7.97%
1.A.4.其他部門	-23.22%
1.B.燃料逸散性排放	113.24%
2.工業製程及生產使用部門	-24.64%
3.農業部門	-18.59%
4.土地利用、土地利用變化及林業部門	-1.97%
5.廢棄物部門	-63.44%

圖 2-4-10　臺灣 2005 至 2021 年各部門與子部門溫室氣體排放量和移除量變化

圖片來源：[6]

到達最高峰（277.54 Mt CO₂-e），之後開始趨緩，2018 年後開始負成長（275.67 Mt CO₂-e），但到 2021 年略有反彈上升，總溫室氣體排放量扣除碳匯後的淨排放量為 275.16 Mt CO₂-e，較基準年 2005 年約增加 3.17%。其中二氧化碳排放占比 9 成以上，且主要來自能源燃燒 [6]。

　　我國的溫室氣體排放量超過九成以上來自於二氧化碳，2005 年二氧化碳、甲烷、氧化亞氮、含氟氣體的比例各為：91.7%、3.27%、1.48%、3.54%。在 2005 至 2021 年間，二氧化碳排放量成長 6.25%，二氧化碳移除量減少 1.97%，甲烷排放量減少 53.16%，氧化亞氮排放量增加 28.85%，含氟溫室氣體排放量減少 60.83%。整體而言，甲烷與含氟氣體明顯減量，但二氧化碳與氧化亞氮增量，總和排放量略增。

若以部門別的角度來看，我國溫室氣體排放絕大部分來自於能源部門，若不計 LULUCF， 2005 年和 2021 年能源部門排放約為總排放量的 93.06% 和 94.31%，有升高的趨勢。工業製程及產品使用部門從 6.79% 降至 5.51%，農業部門的絕對排放量從 62 降低至 27 百萬噸 CO_2-e，廢棄物部門則從 348 增加至 499。圖 2-4-10 為 2005 至 2021 年各部門與子部門溫室氣體排放量和移除量變化，能源部門中的製造業與營造業降低了約 20%，但能源產業的排放增加超過 21%，顯示其排放量不僅居高不下，且絕對排放量與比例仍持續增加，反映出我國的產業結構與發電型式仍未擺脫對於化石燃料的高度依賴，近年狀況甚至有惡化的狀況。

《溫管法》存在的問題能透過《氣候法》解決嗎？

在《溫管法》的時代，各界對於該法的各面向有諸多意見，其中較多討論者包括政府各單位的權責分工、減碳承諾的具體化、管理工具的有效性、減緩調適的均衡性等。

《溫管法》提及行政院應邀集中央有關機關、民間團體及專家學者共同研商減量及調適事宜，但並無明確機制。氣候變遷因應為國家層級的任務，《溫管法》僅賦予環境部明確的責任，一方面造成其他部會不積極參與，環境部與管理排放源的經濟部、交通部等其他相關部會的權責也不相符，而地方政府的目標與權責也不清 [7]。

《氣候法》第 8 條則明定行政院國家永續發展委員會（以下簡稱永續會）應協調、分工、整合國家因應氣候變遷基本方針及重大政策之跨部會氣候變遷因應事務，且使用了 19 款分別說明各項業務由什麼部會負責，譬如再生能源及能源科技發展事項：由經濟部主辦，國家科學及技術委員會協辦；建築溫室氣體減量管理事項：由

內政部主辦；自然資源管理、生物多樣性保育及碳匯功能強化事項：由行政院農業委員會（現為農業部）主辦；內政部、海洋委員會協辦。

　　目前《氣候法》的減碳承諾如前所述，已經設定為 2050 淨零排放。但其他需面對的問題與《溫管法》時代仍然相同，即為「如何落實？」，包括 2050 的長期減碳目標與 2030 年的短期減碳目標。2022 年 3 月行政院公布了我國的 2050 淨零排放路徑，12 月底公布了「臺灣 2050 淨零轉型階段目標及行動」，然而從宣示到達到目標，仍有許多工作要進行。在《氣候法》中規範了針對排放源徵收碳費的條款，對於自主減碳較為積極者，提供優惠。對於排放大戶而言，碳定價的精神已經可以在這機制中看到，但相關子法仍待環境部制訂。

　　在減緩與調適的平衡方面，《氣候法》加入了氣候變遷調適專章，使用 4 條。規範了政府必須建構調適能力，強調需以科學為基礎（science-based），推估氣候風險，強化治理，提升氣候韌性。此外，在條文中也說明了綠色金融機制扮演重要的角色。

　　「公正轉型」也是《氣候法》呼應全球趨勢提出的重要概念，強調制訂因應氣候變遷的計畫時，需考量人權與勞動尊嚴等基本原則，協助受到轉型衝擊或氣候政策影響之社群的穩定發展，達到公正轉型的目標。

　　關於《氣候法》的討論勢必持續，全球因應氣候變遷的各種措施勢必越來越嚴謹，造成國家與企業實質的壓力。立法本身是重要的里程碑，但並非目的。氣候立法提供各界因應氣候變遷的工具，終極目標仍是挽救人類社會於氣候緊急狀態，達成永續發展。

2-4-4 迎戰氣候變遷的衝擊

　　無論接下來世界各國、各企業如何努力減碳，幾乎可以斷定未來數十年氣候變遷一定越來越嚴重，我們必須要做好面對衝擊的各種準備。IPCC 對於氣候變遷衝擊的調適的論述方式隨著幾年一次的評估報告略有改變，AR4 強調脆弱度的改善，將脆弱度定義為「系統易受或無法處理氣候變遷（包括氣候易變性與極端天氣事件）負面效應影響的程度」，其為暴露度（exposure）、敏感度（sensitivity）和調適能力（adaptive capacity）的函數 [1]。

　　IPCC AR5 從過去脆弱度評估轉移以氣候變遷風險評估為重心，並定義風險為暴露度（exposure）、脆弱度（vulnerability）和危害度（hazard）的函數，除更明確定義風險與其組成要素外，並強調社會經濟過程與土地利用變化的反饋 [2]。無論是 AR4 還是 AR5，其脆弱度主要重視在調適氣候變遷衝擊所需具備的整體能量，包含：減少氣候變遷衝擊的能力、可利用的資源等，如圖 2-4-11。

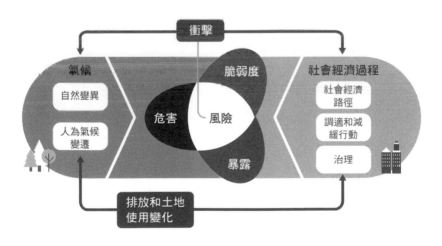

圖 2-4-11　IPCC 對於風險、脆弱度、暴露與危害之核心概念
資料來源：http://sdl.ae.ntu.edu.tw/CATA/news_detail.php?id=19

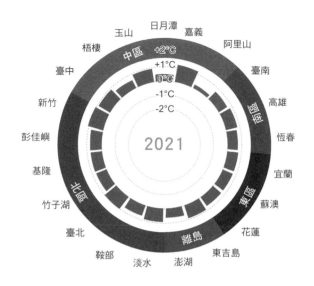

圖 2-4-12　各中央氣象局屬測站 2021 年時的溫度相對於 1981 ～ 2010 年的平均溫度的變化幅度

資料來源：[4]

　　從 AR5 到 AR6，這模型的核心概念並無太大的改變。全球仍然持續增加的溫室氣體排放大幅提升了人類的氣候風險，沒有任何地方可以倖免，臺灣也不例外。

氣候失調，衝擊臺灣環境

　　臺灣四面環海，介於日本和菲律賓之間，居於東亞島弧之中央位置，全年溫暖，只有春冬變化較大。根據中央氣象局測站觀測資料，臺灣年平均氣溫在過去 110 年（1911 ～ 2020 年）上升約 1.6°C，且近 50 年、近 30 年增溫有加速的趨勢；夏季天數增加 120 ～ 150 天，冬天縮短約 20 ～ 40 天；年總降雨量雖然變化不明顯，但下雨天數明顯銳減 [3]。

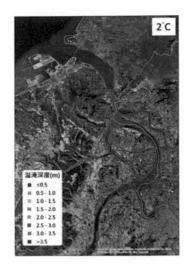 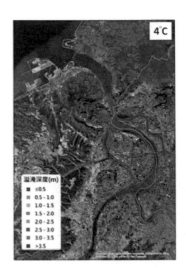

圖 2-4-13　大台北地區海平面上升與淹水潛勢預估

資料來源：[3]，https://tccip.ncdr.nat.gov.tw/km_abstract_one.
aspx?kid=20220301094534#fig8

　　這些統計資料來自於「臺灣氣候變遷推估資訊與調適知識平台計畫」（TCCIP），為國家科學委員會支持的長期研究計畫，以提供臺灣氣候變遷科學與技術研究服務為宗旨。國家災害防救科技中心（NCDR）在其中扮演相當關鍵的角色，加上中央研究院與諸多大學與研究機構的專家共同投入。TCCIP 將許多監測資料以較易瞭解的方式呈現，譬如圖 2-4-12 為臺灣 25 個中央氣象局屬測站 2021 年時的溫度相對於 1981 ～ 2010 年的平均溫度的變化幅度，可以觀察到明顯的近期溫度上升趨勢 [4]，

　　對於海島而言，海平面上升是敏感的衝擊。雖然有時會看到媒體以一些較具戲劇張力的標題，對臺灣未來的海平面上升提出警示，譬如到了 2050 年，台北市有多少面積會被海水淹沒……。然而，我們最好還是參照 TCCIP 的科學評估數據，瞭解得到相關數據的

依據與機率為何。簡而言之，若參照 IPCC AR6 之升溫 2°C 情境，臺灣周邊海域海平面上升幅度大約為 0.5 公尺；比較極端的升溫 4°C 情境則將導致 1.2 公尺的海平面上升。若看待大台北地區，僅在淡水河口一帶會發生淹水或溢堤狀況，都會區本身發生機率低。圖 2-4-13 為二種情境下大台北地區的淹水概況 [3]。

氣候變遷的影響性是環環相扣

氣候變遷的特性之一就是「全面性」！因我們現在賴以生存的一切皆基於氣候型態決定，一旦溫度濕度雨量等的分布不同，則自然生態中的物種分布與社會生活中的人類行為皆從根本發生改變。以人們最基本的需求：農業生產來看，溫度與降雨的變化即為關鍵因子。依據 TCCIP 在農業領域的研究，未來在升溫 1.5°C 與 2.0°C 的情境之下，全臺灣第一期與第二期稻作的產量均將減產若干百分比，其中以北區的影響最為明顯，可以達到 15%。圖 2-4-14 為 SSP5-8.5 情境下升溫 1.5°C 與 2.0°C 對應的稻作產量的變化。

這所對應的不僅是農民的收入，也是臺灣的糧食安全議題。

臺灣目前最主要的蟲媒傳染病——登革熱，透過帶有登革病毒的病媒蚊叮咬人類而傳播，且傳播快速。隨著氣候變遷和極端天氣越來越明顯，天氣越來越熱、夏季越來越長加上經常性暴雨，供病媒蚊最適合生長的環境，登革熱病媒蚊有高度的氣象敏感性 [5]，過去在南部肆虐的登革熱，近年來有北移的趨勢。在臺灣，登革熱病媒蚊主要有兩種：分布於北回歸線以南且海拔 1000 公尺以下地區的埃及斑蚊，以及廣布於全台 1,500 公尺以下平地區的白線斑蚊。

跟白線斑蚊相比，埃及斑蚊具備較高的傳播力。圖 2-4-15 為根據 AR5 的 RCP8.5 情境模擬所得，臺灣到本世紀末埃及斑蚊分布範圍的擴張，明顯越過北迴歸線，到達中部了。

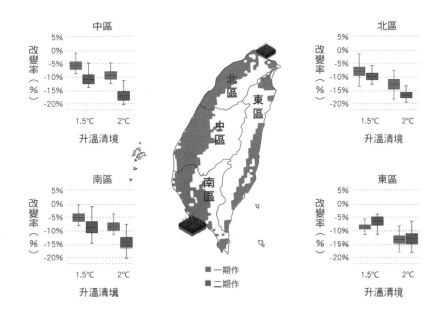

圖 2-4-14　SSP5-8.5 情境下升溫 1.5°C 與 2.0°C 對應的稻作產量的變化

資料來源：[3]，https://tccip.ncdr.nat.gov.tw/upload/ckfinder/images/AR6%20WGII-%e8%87%ba%e7%81%a3%e8%a1%9d%e6%93%8a-%e5%9c%961b.png

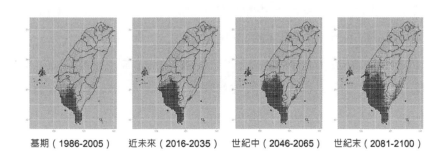

基期（1986-2005）　　近未來（2016-2035）　　世紀中（2046-2065）　　世紀末（2081-2100）

圖 2-4-15　根據 AR5 的 RCP8.5 情境模擬所得埃及斑蚊分部範圍到本世紀末的變化

資料來源：[5]

我國的氣候變遷調適作為

因應全球氣候變遷，我國早在 2010 年即由當時的行政院經濟建設委員會（後改制為國家發展委員會）成立專案小組，邀集產官學與民間團體規劃氣候變遷調適政策綱領，並於 2012 年公告了「國家氣候變遷調適政策綱領」。該綱領參照聯合國開發計畫署（United Nations Development Programme, UNDP）的調適政策架構（Adaptation Policy Framework, APF），考量臺灣環境的特殊性和歷史經驗，納入災害、維生基礎設施、水資源、土地使用、海岸、能源供給及產業、農業生產以及生物多樣性與健康等八大調適領域，描述挑戰且提出執行策略。同時間基於該綱領，推動地方調適示範計畫，建置氣候變遷調適資訊平台，並且推動相關教育。

2014 年，由改制後的國家發展委員會會同各部會完成第一期「國家氣候變遷調適行動計畫（2013 ～ 2017）」。在 2015 年「溫室氣體減量及管理法」通過後，在 2018 年核定第二期「國家氣候變遷調適行動方案（2018 ～ 2022）」，後再提出第三期方案（2023 ～ 2027），因考量災害為一共同事項，應與各部門均相關，因此不再設定災害為一部門（圖 2-4-16）。

此外，因 2023 年 1 月《氣候變遷因應法》通過，增加了氣候變遷調適專章，規範由國家發展委員會與環境部共同主辦， 內容會加入新法規的諸多考量，使氣候變遷調適更能夠兼顧國際接軌與在地連結的原則。

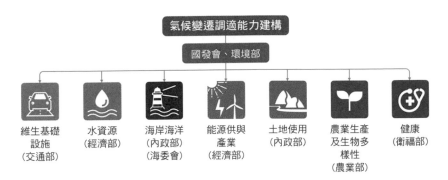

圖 2-4-16　第三期氣候變遷調適行動方案中的部門設定與分工概念
參考資料：改編與改繪自 [6]

第 **3** 章

低碳轉型：
企業引領的氣候友善永續之路

未來的世界將與過去大不相同，

因為氣候變遷的特性是「全面性」，

政府的政策和行動與企業的響應和轉型是重要關鍵。

企業必須體認到，2050 淨零排放是一種全球低碳轉型革命，

因此，基於降低實體風險或創造營業機會等理由投入減碳、

對抗氣候變遷，

打造企業成為淨零排放體質是未來的基本條件。

期許企業的投入，改變我們的生活內容與生活方式，

營造社會與環境翻轉式的改變。

氣候變遷，與其他一些較為複雜的環境或社會問題有時也被稱為「棘手問題」或「詭異問題」（wicked problems），具有複雜、難以識別、矛盾等屬性，問題本身與解決方案、可能的結果均持續變化與辯證中，並沒有明確且一勞永逸的單一解決方案。

我們生活在一個以經濟為主導模式的社會中，永續發展的願景無法脫離繁榮或至少可以接受的經濟發展。土地、資本、人力等傳統的生產要素無一不受到氣候變遷的影響，而因應氣候變遷的策略也需要調整這些生產要素，甚至創造新的生產函數，找到新的機會。

「2050 淨零排放」是一種全球低碳轉型革命。企業基於降低實體風險或創造營利機會等理由投入減碳、對抗氣候變遷，成為淨零排放得以期待的基本條件。企業的投入改變我們的生活內容與生活方式，翻轉社會運作的既有模式，也提升環境品質。

3-1 資本往哪走

工業革命是人類發展史的關鍵轉折點，讓人類開始使用煤炭等化石燃料驅動機器，取代人力與獸力，開啟了各種新的可能性。現在世界上大部分的工商業社會是立基於化石燃料的經濟體。全球最大石油出口國每天將數百萬桶石油分裝運輸到世界各地[1]。運輸煤炭、石油、天然氣的大型船隻每天繁忙地往返於生產國與使用國之間，交織成全球生命網絡，支撐工業、農業、商業與服務業。

對於化石燃料的高度依賴造成過去一百餘年來的額外人為溫室氣體排放與氣候變遷，同時改變了環境的基本設定與性質。2015 年，發布在《自然》期刊的一項研究發現了一系列耐人尋味的結論：全球的整體經濟生產力在全球年平均溫度為 13°C 時達到峰值，而在較高溫度時急劇下降。假如我們維持現有的高碳經濟道路並不遏

止暖化，到 2100 年，世界上的大多數普通人的年平均收入將降低23%，而對於氣候衝擊最為敏感的貧窮和開發中國家，這種落差可能增加到 75%[2]。

放大到全球，這就不是微觀的變化，而是氣候系統的根本變遷。全球各地生產力下降，同時耗費更多成本維持生態基盤與生產條件。同時間，混亂的溫度與天氣觸發傳染病與各種複合性災害……，每一件事情都增加企業營運成本與風險。經濟的低碳轉型並非是個道德願景，而是基於企業生存發展與人類福祉的務實作為。錢，或貨幣價值，是這低碳轉型的核心。

3-1-1 綠色經濟改變市場規則

綠色經濟（green economy）是 2012 年聯合國永續發展高峰會（Rio+20）的主題，也是聯合國倡議永續發展歷程中的重要框架。根據聯合國環境規劃署（UNEP）的定義，綠色經濟是一種「能夠改善人類福祉和社會平等，同時大幅度降低環境風險和生態貧乏」的經濟模式 [3]。

綠色經濟：利潤和社會貢獻可以同時達到

綠色經濟是一條可以兼顧自然資本與財務資本的的發展道路，且可兼顧公共利益與社會公平。另一方面，綠色經濟的概念也意謂者，強調經濟、社會、環境兼籌並顧，且可相互補償的「弱永續性」（weak sustainability）才是聯合國對永續發展真實運作的基本主張（參見 1-1-4）。

2012 年，綠色經濟聯盟確立了綠色經濟的九項原則 [4]，用以描述一個綠色經濟體的特徵，包括：實現永續發展、實現公平、為所有人創造真正的繁榮和福祉、改善自然世界、具有包容性和參與

性、負責任、建立經濟、社會和環境復原力、實現永續的生產和合理利用資源、為未來投資。

此外，該組織在太平洋地區確定了一項附加原則：支持和加強文化和精神價值。這些概念與數年之後公告的永續發展目標的多樣化、平等、包容等原則共通，擺脫長期以來的環境－經濟二元論的刻板印象。2021 年地球日，美國總統拜登邀集 40 國領袖舉行線上氣候高峰會，在開幕致詞時即強調：建立因應氣候變遷的經濟基礎將讓世界更繁榮、更健康，同時更公平、更潔淨。強調經濟的優先性、必要性與關鍵力量，已是對抗氣候變遷之戰的主流。

氣候變遷課題牽動全球經濟

古典經濟學立基於人們追求更好的效用（utility）與由商品及其供給與需求構成的市場，也就是「市場經濟學」。在明確定義的商品市場中，人們根據從交易過程中獲得的效用決定購買的價格與數量，而生產者也決定願意生產的商品數量與成本的對應關係，最終由那隻「看不見的手」決定了市場的平衡價格與交易數量。完全競爭市場的資訊是透明的，且生產者的成本均為內部成本，完全可以反映在價格中。

然而，這理想化的市場經濟學條件在現實世界中有時無法成立。若商品本身定義不夠明確，或本身具有公共財（public goods）與外部性（externality）性質，往往發生「市場失敗」（market failure），產生不具效率的結果，形成資源的耗竭、社會不正義、經濟不健康等後果。氣候變遷議題中的「碳排放」就是一個明顯同時具有公共財與外部性的財貨。

地球只有一個共通的、不分國界的大氣層，排放污染物到大氣中，會對所有人造成負面衝擊；若減少排放，可以減緩對所有人的

負面衝擊，此外，排放行為本身難以約束。一個國家或企業為了維持自己的利益，而減碳會提升自己的成本，因此便選擇繼續排碳。「等別人減碳，自己享受好處」變成為普遍的「搭便車」（free ridership）現象。

這也是為何氣候變遷問題具體成為國際議題以來，聯合國必須運用國際條約與機制扭轉這市場失敗導致的氣候快速惡化的趨勢，且在市場經濟力量的主導下，過去成效有限，未來是否能夠守住升溫 1.5°C 或 2°C 的門檻，就要看干預與誘因的力量如何了。巴黎協定、格拉斯哥氣候協定，與各種國際上相應的倡議、規範等，就是干預和誘因。

碳定價機制，為負面外部性買單

基於前述的原理和碳排放本身是種負面外部性的事實，賦予碳排放成本，也就是所謂的「碳定價」（carbon pricing）即為處理碳排放造成的後果，將「外部成本內部化」的一種政策工具。簡而言之，就是將碳排放視為一種造成外部成本的污染物，要求排放者把潛在後果以貨幣的型式納入本身的經營成本中。目前，碳定價已成為各界認為最有效的經濟手段 [5]。

截至目前為止，市場上的碳定價主要有二種機制：排放交易系統（Emission Trade System, ETS）和碳稅（carbon tax）。前者係由國家或地方政府對溫室氣體排放總量設定上限，並允許排放量低的行業將其額外配額出售給更大的排放者。該上限有助於確保實現所需的減排量，以使排放者保持在其預先分配的碳預算範圍內。碳稅則是通過設定溫室氣體排放的稅率，或者更常見的是根據化石燃料的碳含量，直接設定碳價 [6]。藉由提高排放溫室氣體的代價，企業和家庭將會提高轉向低碳選擇的動力。

世界銀行 2023 年發布的《碳定價趨勢發展現狀與未來趨勢》（State and Trends of Carbon Pricing 2023）指出，隨著越來越多的國家、地區、城市和公司作出減碳承諾，全球到 2023 年已累計有 73 項實施中的碳定價計畫，以約束某些部門或機構的溫室氣體排放總量以及對排放定價 [7]。

碳價呈現出明顯的地區差異（如圖 3-1-1）。其中，西歐、北歐以及中歐國家的碳定價偏高，2023 年定價最高的是位於南美洲的烏拉圭，因開始徵收汽油碳稅，使其平均碳價超越瑞典，價格為每噸 156 美元；相比之下，波蘭和烏克蘭規定的價格近乎於零，大部分地區的定價在每公噸 40 美元以內。

另一方面，現行碳定價制度涵蓋了全球溫室氣體排放總額的 23.9%，其中 ETS、碳稅與綜合體系的涵蓋率分別為 18%、5.5%、0.4%，較 2022 年微幅上升。圖 3-1-2 標出各國實施碳定價的國家、價格範圍，與各洲的國家涵蓋的碳排放量比例。

此外，許多企業也意識到「碳風險」對企業營運的重要性，擬定「內部碳定價」（Internal Carbon Pricing, ICP）的行動。根據全球組織「碳揭露計畫」（CDP）的報告，2021 年全球已經有 1,077 家企業實施「內部碳定價」，預計這個數字會在兩年後超過 2,600 [8]。除了應對政府的碳管理政策，企業還希望藉 ICP 實現多重商業目標，包括：推動低碳投資、提高能源效率、改變內部行為、鑑別與掌握低碳經濟機會、因應溫室氣體法規、投資壓力測試、符合投資人期待等。

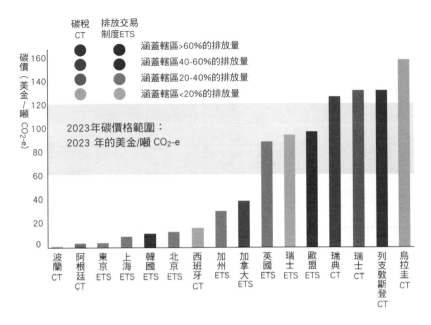

圖 3-1-1　2023 年全球各項碳定價計畫的碳價水準
資料來源：[7]

綠色金融正在接管市場

隨著綠色經濟的興起，國際社會對綠色金融的興趣與日俱增。綠色金融是支持環境友善活動的貸款、投資或其他金融項目，例如購買環保商品和服務或建設環保基礎設施。它也包括一系列激勵永續行為的措施，例如，鼓勵改用電動車以提高能源效率可以幫助人們和企業為自己和環境做出良好的採購和投資決策。此外，屬於綠色金融範疇的典型項目包括但不限於：再生能源和能源效率、污染防治、生物多樣性保護、循環經濟舉措、自然資源和土地的永續利用 [9]。

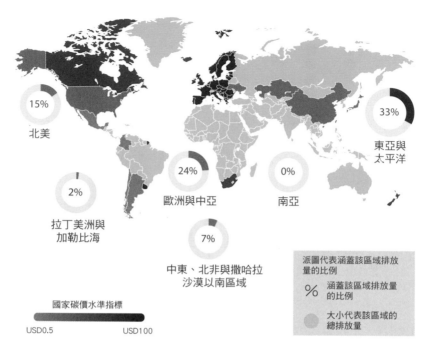

圖 3-1-2 各國碳定價之價格範圍與在各洲涵蓋的碳排放量比例
資料來源：[7]

「綠色」是以環境保護為核心的概念，而「永續」則涵蓋環境、社會與經濟。永續、綠色、氣候、低碳等名詞事實上涵蓋不同的範疇 [9]。由圖 3-1-3 可以瞭解，永續金融涵蓋面最廣，包括環境、社會、經濟與綜合議題，氣候金融則聚焦於氣候變遷相關的議題，但不包括非氣候的其他環境議題。低碳金融則僅關注減緩議題，不包括調適議題。

氣候金融係指提供或調動金融資源，為減緩和調適氣候變遷提供計畫資金和進行相關的投資，促進減碳，或提高對氣候變遷的調適和抵禦能力。

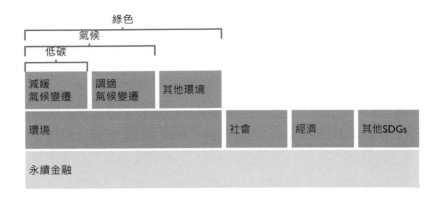

圖 3-1-3　永續金融、綠色金融、氣候金融、低碳金融的範疇界定
資料來源：[9]

　　融資的管道包括銀行貸款、風險投資、私募基金、共同基金、捐贈基金、購買股票或債券等，可以引導資金流向，且強調既可促進減碳、強化調適，又可營利[10]。

　　雖然巴黎協定規範在 2020 年之前各已開發國家提供的氣候基金總額應達到 1,000 億美金，但因為美國川普政府無意履行承諾，實際金額落差頗大。在 2021 年的 COP26 上，由聯合國氣候金融特使卡尼（Mark Carney）召集，宣布成立「格拉斯哥淨零金融聯盟」（GFANZ），全球超過 450 所總資產高達 130 兆美元的金融機構簽署響應，承諾以具體短中長期目標，協助全球經濟朝淨零排放轉型。整體目標為在 2050 年之前融資 10 兆美金來投資於新技術開發應用。

　　過去 10 年以來，全球氣候金融幾乎翻倍成長，然而，到 2030 年，必須達到每年 4.3 兆美元的氣候資金流動目標，才有辦法避免嚴重的氣候衝擊。「氣候政策組織」（Climate Policy Initiative）分析過去 10 年以來氣候金融的趨勢，發現私營部門投資雖然增加中，

但距離全面轉型尚有相當的距離。大部分的氣候融資應用在減緩上，僅不到 10% 應用在調適上，代表對於融資的利潤仍相當在意，但同時也顯示氣候融資使用比例的不均衡 [11]。

當更多諸如此類的綠色資金投入到企業中，不僅可以讓企業本身變得更「氣候友善」（climate friendly），也會創造「提供購買機會→刺激綠色商品需求 → 創造就業機會 → 改善經濟商業的環境 → 更多成長空間」的「綠色加乘」的正回饋循環效應 [12]，使經濟、社會和環境同時受益。這就是氣候經濟學最希望看到的發展了。

3-1-2 化石燃料的撤資浪潮

在過去的 200 年裡，全球建立了一個龐大無比的由化石燃料驅動的經濟與社會系統。地球上的三大主要資產是 9,000 億噸煤炭、石油和天然氣，世界銀行估計共價值 39 兆美元。化石燃料的探勘、開採和提煉屬於資本密集型行為，資金需求量大，使其周邊還有 10 兆美元的供給端基礎設施和 22 兆美元的需求端基礎設施（電力、運輸和重工業）、18 兆美元的股票、8 兆美元的可交易債券，以及高達 4 兆的未上市債務的金融市場 [1]。如此便不難理解，艾克森美孚（ExxonMobil）這樣的石油巨頭在 2011 年是地球上規模最大的企業。

然而，燃燒這些化石燃料的結果，就是將億萬年前因光合作用等一系列作用將二氧化碳中的碳封存在生物體，再轉化為煤炭、石油、天然氣中的有機碳，轉化為二氧化碳，再度排放到大氣中。氣候變遷的後果告訴我們，不應該燃燒化石燃料了。2015 年的一項研究顯示，為了將暖化控制在 2°C 的範圍內，三分之一的石油儲量、近一半的化石甲烷氣儲量和 80% 以上的煤炭儲量應留在地下 [2]。

2021 年，基於最新的 1.5°C 的氣候目標的研究將對這三項指標的限制分別提高到了 60%、60% 和 90%[3]。當科學已經告訴大家這明確的方向，諸多機構與投資者便做出回應，重新檢討長久以來對化石燃料產業的投資，並且形成了一股浪潮。

兩個比爾引發的蝴蝶效應

2012 年 7 月 19 日，著名的環保活動家比爾・麥基本（Bill McKibben）在《滾石》雜誌上發表了一篇名為《全球暖化之可怕的新數字》（Global Warming's Terrifying New Math）[4] 的文章，對化石燃料行業及其對氣候變遷需負擔的責任予以檢討和抨擊，他宣稱：「我們需要以新的眼光看待化石燃料行業，它已成為一個流氓行業……，它是我們地球文明生存的第一大公敵。」，需要「撤銷化石燃料行業的社會許可」。

麥基本在同年創立氣候運動 350.org[5]，發起「化石燃料撤資運動」（fossil fuel divestment movement），呼籲投資者出售從開採、加工和銷售化石燃料的公司中購買的股票和債券。這場運動改變了氣候對話中有關氣候變遷的責任主體的認定。根據其統計，截止 2022 年 2 月，已有包括大學、基金會、信仰組織等在內的 1,500 家機構從化石燃料企業中撤資，總金額達 39.88 兆美元 [6]。牛津大學的一項研究顯示，化石燃料撤資運動的發展之迅速，比以往任何一項撤資運動（例如菸草與博博奕撤資）的成長速度都要快[7]。

圖 3-1-4　麥基本接受關於化石燃料撤資運動的採訪

使命如何變成現實？綠色轉型的經濟成本

淨零轉型是必要的已經無庸置疑了，下一個問題是：成本、效益和挑戰為何？

顧問公司麥肯錫在 2022 年發布的《淨零轉型報告──代價與回報》（The net-zero transition: What it would cost, what it could bring）[1] 重點關注了將全球暖化限制在 1.5°C 之內所需的經濟和社會變化。報告使用「綠色金融系統網絡」（the Network for Greening the Financial System, NGFS）情境模擬，結果顯示，未來 30 年內，每年平均需要將 9.2 兆美元用於能源、建築、工業和農業的淨零排放轉型，每年比目前增加 3.5 兆美元。總計約 275 兆美元，占全球 GDP 的 7.5%。

諷刺的是，在現有的 6.7 兆美元的支出中，仍有 2.7 兆美元（占 65%）用於燃煤電廠和內燃機汽車之類的高碳資產，用於高碳往低碳的資產重組、現有的低碳資產與基礎設施則分別僅有 1 兆與 2 兆美元（如圖 3-1-a）。在淨零排放的情境下，全球需要加速資產重組的進程，將低碳資產的比例提高到總資產的 70%。總支出占整體 GDP 的比例將從 6.8% 上升到 2026 年和 2030 年之間約占 GDP 的 9%，爾後再下降，到 2046 ～ 2050 年之間占 GDP 的 6.1%（如圖 3-1-b）。

轉型必然付出成本，然而長期而言將符合成本效益，且確保人類社會至少可以相對穩定地運作。該報告認為初級增加的固定成本長期將可降低諸多部門的營運成本，譬如電力系統的運作成本已經在下降中，而設計電網的成本與設備的折舊等在 2040 年之後均將明顯逐年下降。此外，到 2050 年之前，將有 2.02 億的新工作機會，但同時有 1.87 億的工作機會消失。各行業的工作機會消長情況不盡相同。農業與電力是增加明顯高於損失者，汽車業則損失高於增加，化石燃料行業的工作機會則將完全消失。不過，低收入與化石燃料的生產國家普遍具有較高的轉型需求，巴基斯坦、印度、孟加拉、肯亞等則同時還面臨明顯的溫度與濕度增加的挑戰。

從現在到 2050 年的淨零排放之路必然充滿挑戰，然而眾多研究均顯示各國需儘快進行轉型的投資，才能達到 2030 年的階段目標（比 2010 排放量降低 45%），後續邁向 2050 淨零排放的難度也可降低。

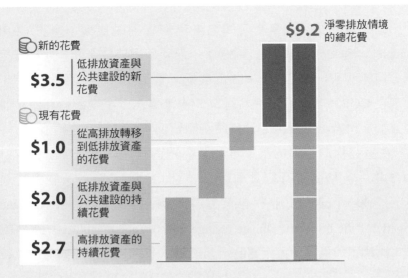

圖 3-1-a　為達 2050 淨零排放全球每年在能源和土地使用系統中的實體資產規模（兆美元）

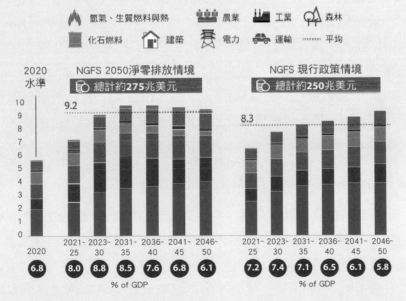

圖 3-1-b　2050 淨零排放情境下每五年能源和土地使用系統的實體資產花費

資料來源：The net-zero transition report [1]

另外一位比爾，則是更具知名度與影響力的比爾·蓋茲（Bill Gates），他和他的基金會自 2014 年起陸續出售持有的石油和天然氣公司的股票，總價值達 423 億美元，直至 2019 年全數拋出 [8]。蓋茲在 COP26 上對化石燃料行業的未來發出了不樂觀的評價。他預言：「30 年後，部分石油巨頭將開始倒下，變得非常不值錢。」[9]。在蓋茲採取行動的第二年，金融界正式將該議題提上日程。2015 年，英格蘭銀行行長馬克·卡尼（Mark Carney）發表了名為「打破地平線的悲劇——氣候變遷與金融穩定性」（Breaking the tragedy of the horizon - climate change and financial stability）的演說 [10]，概述了與氣候變遷相關的金融風險，並呼籲金融機構進行重新思考。

這些主張的效應仍持續擴散中，且對化石燃料業者造成極大的壓力。在過去的 5 年中，美國最大石油和天然氣生產商埃克森美孚（Exxon Mobil）、英國石油公司（BP）及荷蘭皇家殼牌（Royal Dutch Shell）等企業的股價均出現下跌 [11]。而在 2019 年末上市，市值達 2 兆的沙烏地阿拉伯石油巨頭沙烏地阿美（Saudi Aramco）的股票出售數量也少於預期 [12]，反映出投資人對於化石燃料項目正在逐漸不感興趣，撤資以降低股價和阻礙未來開發計畫融資的方式影響著化石燃料行業。

撤資的金融動機，碳泡沫帶來的資金風險

化石燃料撤資運動一方面代表各界對於造成氣候變遷的元兇的堅拒態度，另一方面也引導了資本市場的趨勢。從 ESG 的角度來看，這不僅是商業模式轉換的問題，也代表化石燃料業者在環境（E）與社會（S）方面的重大挑戰，因為這氣候變遷風險已經是根本的道德問題了。也就是說，碳風險（carbon risk）以科學為基礎，然貫穿 ESG 等各個層面。

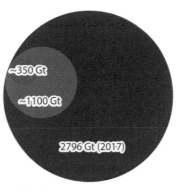

図例:
- 66%的機會升溫不超過 1.5°C的碳預算 (~350 Gt)
- 66%的機會升溫不超過 2°C的碳預算 (~1100 Gt)
- 已知的化石燃料儲備量 (2796 Gt (2017))

圖 3-1-5　二氧化碳排放的碳泡沫
資料來源：Carbon Tracker[13]

　　「碳泡沫」（carbon bubble）這個術語是監管機構、金融公司和社會活動者用以描述化石燃料公司的礦藏儲備的股票估值過高的說法 [13]，因為許多煤炭、石油、天然氣不能開發，以控制全球升溫幅度，所以這些依據理論儲備的估值便成為無價值的「擱淺資產」而泡沫化。根據權威金融智庫「碳追蹤器」（Carbon Tracker）的估計，2012 年，花費在化石燃料行業的擱淺資產高達 6,740 億美元 [14]。如圖 3-1-5 所示，在 2017 年時所有化石燃料的儲備量相當於為 2.796 兆噸的二氧化碳排放，但若要控制全球升溫不超過 2°C，僅能燃燒相當於 1.1 兆噸排放的化石燃料；若目標調整為目前全球的升溫 1.5°C 以下的目標，則僅能燃燒大約上述的 1/3 的化石燃料了。

　　碳泡沫也象徵著，隨著前述碳定價機制漸趨普遍，原來讓化石燃料的估值偏高的「外部性」逐步內部化，使得化石燃料的市場價值減少，投資回報率降低。一旦碳泡沫破裂，化石燃料的投資就將面臨巨大衝擊。蓋茲等富豪在《巴黎協定》簽訂前就決定退出煤炭和石油的投資 [15]，就看得出來他們心目中的市場走勢。

除了撤資，還有什麼財務手段？

比爾・蓋茲等推動化石燃料撤資的諸多有識之士同時也認為，投資人自化石燃料撤資代表將股份轉賣給其他人，且多為投機者，這樣並不會影響化石燃料公司的營運，債券這種金融手段與公司營運之間的聯繫更為明顯，讓撤資的效果打了折扣 [16]。化石燃料公司依靠債券和銀行貸款為其勘探、開發和生產活動提供資金，或為現有債務再融資。因此，他們意識到需要透過限制新的債務資本供應（如遊說銀行、信貸機構）來對化石燃料公司施加財務壓力。

此外，鼓勵投資人將從化石燃料撤資的金額用於綠能投資，加速低碳轉型的進程，是更為直接的金融手段。根據研究機構彭博社和聯合國環境規劃署（FS-UNEP 合作中心）的一份報告，2020年再生能源投資達 3035 億美元，是石油、天然氣和煤炭投資總和的 3 倍 [17]。這與太陽能、風能等成本價格於過去 10 幾年大幅下降有關 [18]。

公民參與、策略行動仍為推動轉型的關鍵作為，投資者向執政者施壓，要求力行廢除化石燃料補貼、提高碳價、限制汽柴油車等政策，促使化石燃料概念的行業難以或無法取得融資，資本的力量終將加速碳排放的削減。

3-1-3 綠能投資新方向

淨零排放目標對全球能源供需形成直接的壓力，也迫使研究機構與政府做出更為明確的規劃。2021 年國際能源署（IEA）發布「2050淨零：全球能源部門路徑圖」（Net Zero by 2050：A Roadmap for the Global Energy Sector），提及能源為全球溫室氣體排放量的主要來源，約占了四分之三的排放量，是避免氣候變遷惡化的關鍵 [1]。

淨零排放創造綠能商機

若要實現淨零排放，需要從現在開始減少化石燃料使用，並大規模部署潔淨能源技術，如再生能源、電動車和節能建築改造，為滿足 2050 年再生能源的需求，需要大量的能源投資，並加速能源轉型。2023 彭博能源財經（BNEF）年的研究顯示，2022 年全球低碳能源轉型投資總額 1.1 萬億美元，比 2021 年多了 31%，投資項目包括再生能源、儲能設備、電動運具等。預估 2023 年至 2030 年期間，對能源轉型的投資平均需要 4.55 萬億美元以上，比 2022 年多 3 倍以上，才有可能實現全球淨零排放 [2][3]。

而該媒體也提及全球各個區域在能源轉型上的投資，2021 年美洲、亞太地區、歐洲、中東和非洲地區的能源轉型投資均創下歷史新高。亞太地區為最大的投資地區，占了全球的 49%，投資額為 3680 億美元，相較 2020 年增長了 38%。

而歐洲、中東和非洲的能源轉型投資則在 2021 年增長了 16%，占了全球的 31%，投資額達到 2360 億元。美洲則在 2021 年增長 21%，投資額為 1500 億美元 [3]。中國大陸的能源轉型投資規模超越其他國家，尤其重視再生能源、電動化運具、鋼鐵回收等方面 [4]。然而值得注意的一點是：不管是哪一個地區，在電動化運具的技術與基礎設施的投資都有明顯的增長。

三元悖論──能源的三難困境

我們常說某種「兩難」（dilemma）的困境，然而在能源領域，有一個「能源三難困境」（Energy Trilemma），描述能源業在氣候變遷之下面臨的公平性（Equity）、安全性（Security）和永續性（Sustainability）三重挑戰。

能源安全（Energy Security）指對國內與國外的初級能源供應管理的有效性、能源基礎建設的可靠性，以及能源滿足當代與未來需求的能力。

能源公平（Energy Equity）指為所有人取得可負擔的能源。

環境永續性（Environmental Sustainability）指的是高環境效率的能源供需，譬如能源供應來自低碳或再生能源的開發。

聯合國永續發展目標的第 7 個 （SDG 7）即為「可負擔的潔淨能源」，敦促我們將目前對化石燃料的依賴轉變為使用更永續的能源。而能源三難困境解釋了該目標面臨著實際的複雜性，即很難做到面面俱到：廉價的化石燃料能對環境和氣候不利；永續的能源可能是間歇性的、不穩定的，不足以為工業用途提供動力；使用者也有可能無法在當地獲得清潔能源，從而導致化石燃料的繼續使用。

不同的經濟發展與自然條件的地區有不同的能源三難困境。世界能源理事會於 2020 年發布的世界能源三難困境指數報告 [1] 總結，歐洲國家最關鍵的能源挑戰是透過綠色經濟改革加速能源轉型；對亞洲地區來說，當務之急在於綠色能源的技術創新；而對中東國家來說，他們需要開始考慮能源多元化的可能性（如圖 3-1-c）。

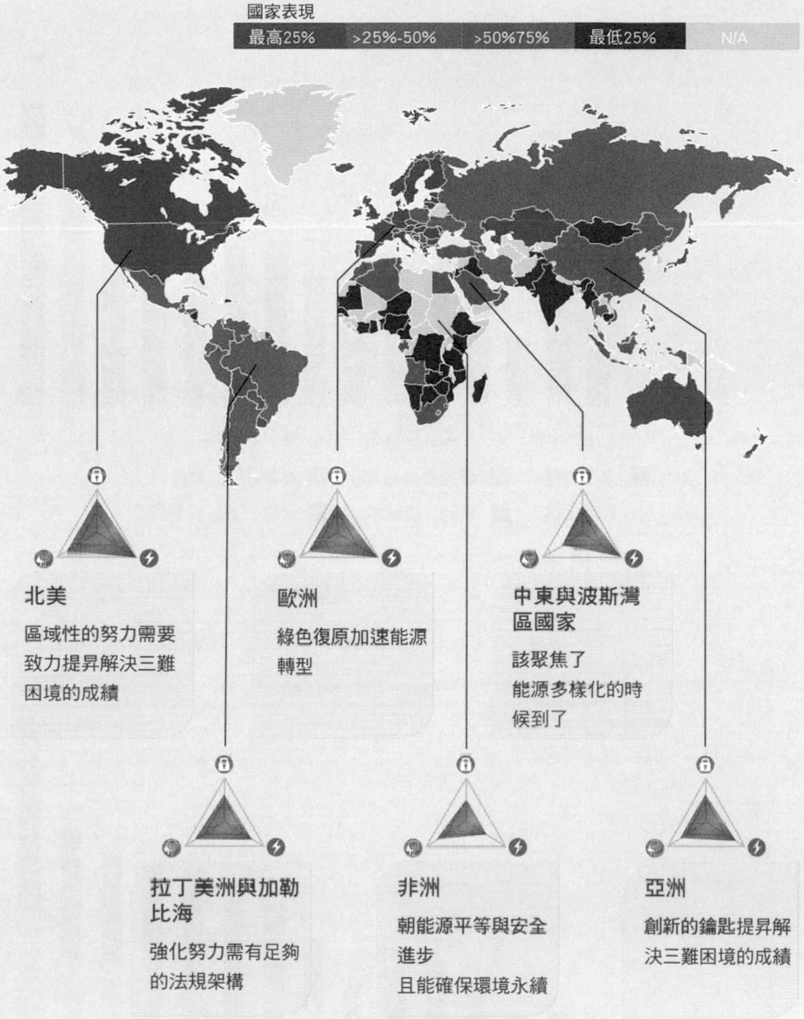

最高25%　>25%-50%　>50%75%　最低25%　N/A

北美

區域性的努力需要
致力提昇解決三難
困境的成績

歐洲

綠色復原加速能源
轉型

**中東與波斯灣
區國家**

該聚焦了
能源多樣化的時
候到了

**拉丁美洲與加勒
比海**

強化努力需有足夠
的法規架構

非洲

朝能源平等與安全
進步
且能確保環境永續

亞洲

創新的鑰匙提昇解
決三難困境的成績

圖 3-1-c　不同地區的能源三難困境指數及地區性挑戰

資料來源：World Energy Trilemma Index 2020 [1]

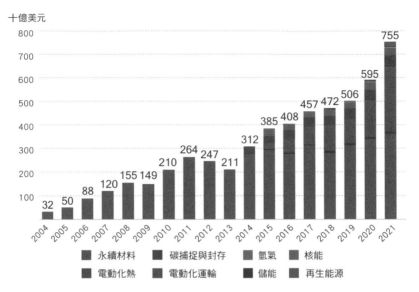

圖 3-1-6　全球能源轉型各項目之投資

資料來源：[3]

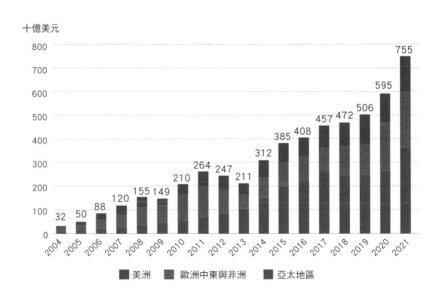

圖 3-1-7　全球能源轉型各地區之投資

資料來源：[3]

全球正積極發展綠能

要讓世界走上淨零排放的道路，需要各國政府採取有力的政策行動，並擴大國際之間的合作。因應這個趨勢，許多國家開始制定以再生能源替代化石燃料的政策，像是美國於 2021 年宣布停止支持海外化石燃料開發的計畫，並將資金集中在再生能源、推進創新技術，並針對新能源提供融資、技術援助，以支持各地淨零排放的轉型 [5]。2022 年 8 月美國也通過《降低通膨法案》，透過減稅與補貼來推動綠色能源的發展 [6]。德國則是於 2022 年提出將大量增加風力與太陽能的建設，以實現 2035 年近 100% 再生能源供應的目標，並減少對化石能源進口的依賴 [7]。

隨著各國持續發展再生能源，儲能系統的建置也越來越受到重視，全球對儲能市場需求將會快速上升。儲能系統重要的原因是再生能源屬於「間歇性能源」，比方需要有太陽，太陽能才能發電，這樣不穩定的特性容易引起大規模停電並造成經濟上的損失 [8]。而儲能系統的特性則是能夠帶來穩定性供電，將再生能源儲存下來轉移到其他時間使用，協助調節電網用電的供需平衡，在儲能系統的搭配之下，能減少再生能源帶來的風險，最大化每一度電的使用，使民眾有更好的電力品質 [9]。在各國綠能比重逐漸增加的趨勢之下，儲能系統帶來的商機更是不容小覷。

現今各國積極發展綠色經濟、推動能源相關法規，加速能源轉型，以達成 2050 年淨零排放的目標。國際再生能源機構（IRENA）指出，來自 G20 和 G7 的全球最大能源消費國和碳排放國必須展現出領導力，在國內外實施計畫和投資。到 2030 年，它們需要支持全球 65% 的再生能源發電供應。氣候融資、知識轉讓和援助必須增加，才能實現包容和平等的世界 [10]。

臺灣綠能投資的概況

臺灣於 2019 年修正《再生能源發展條例》，除了鼓勵綠電走向自由市場交易，也制定「用電大戶條款」，用電大戶需要設置一定比例的再生能源或儲能設備，或是購買綠電、繳納代金 [11]。

臺灣綠能投資產業以太陽能光電、電池、風力發電為推動重點。由於太陽能板技術與獲利模式日漸成熟，針對投資太陽能光電政府也制定許多相關政策，國內各大企業選擇投資太陽能光電。而近年因應淨零排放的趨勢，以及國際廠商對供應鏈的減碳要求，使得國內製造商對綠能的需求大增，根據臺灣經濟研究院之臺灣新創募資第一站研究團隊（FINDIT）統計，2021 年我國綠能投資的金額與件數大幅增加，特別太陽能、電池是投資人積極布局的領域。且為使綠電供需雙方的溝通更順暢，也有新興領域——綠電平台的出現，協助中小企業購買綠電 [12]，鴻海與中華開發資本則合作成立

🌐 地球暖化 2.0 小百科

安侯永續強化企業永續內涵

KPMG 安侯永續發展顧問公司自 2013 年起在黃正忠董事總經理的帶領下，在臺灣提供氣候變遷與企業永續的顧問服務，從 CSR、ESG、淨零到社會創新，專業服務不斷推陳出新，為系統性的經濟轉型點燈照路。

除了協助企業規劃、思考、執行與監測企業永續之外，安侯永續於近年亦出版了三本專書，分別以循環經濟、永續金融、低碳轉型為題，希望能夠協助企業瞭解相關議題的關鍵概念與全球重要實務，建構企業負責人、永續部門人員與一般人員紮實的企業永續素養。

能源公司，建立跨界綠能投資平台，協助企業進行綠能轉型並媒合融資需求 [13]。

除此以外，金管會放寬銀行轉投資創投、鼓勵保險業投資綠能產業，以及台商回流投資綠能等等政策，都使臺灣各大企業紛紛投入綠能產業。2023 年 5 月《再生能源發展條例》部分條文修正，增訂符合一定條件的新建、增建或改建建築物，應於屋頂設置一定裝置容量的太陽光電發電設備，也為相關產業創造新一波龐大商機 [14]。

綠能投資將成為市場的新方向

現今全球處於能源轉型的時代，綠能將成為經濟發展的新方向。能源轉型也將帶來具體的社會經濟與福利效益，到 2030 年，全球再生能源和其他轉型相關技術將創造 8,500 萬個就業機會，推動全球經濟成長，這些就業機會也遠超過化石燃料行業 1,200 萬個就業

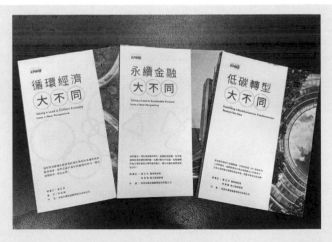

圖 3-1-d　KPMG 出版的三本企業永續與氣候變遷專書
資料來源：黃正忠提供

機會的損失 [13]。隨著各國推動綠能建設並帶動產業創新，並制定相關政策吸引國內外大型投資，藉此提升產業競爭力和促進永續發展，預期未來綠能產業將成為市場各個投資人的新方向。

綠能的趨勢不可能反轉，但這並不表示綠能開發本身潛在的環境與社會衝擊可以忽視。無論在外國或臺灣，風力發電、太陽能光電或其他綠能發展，本身已經或可能造成的環境破壞或社會不正義問題不勝枚舉，尤其涉及特許行業、土地與水域開發與運用、長期躉購費率合約的綠能專案，其破壞生態與環境品質的挑戰、利益分配衍生的衝突、跨世代正義的疑慮等，已是各方與媒體關切的熱門議題。這也提醒各權益相關者，綠能開發本身在考量自身的永續性之下，應尊重各方意見，避免在設法降低碳排放的同時，衍生出更多違反永續原則的問題。

3-2 企業的永續轉型已成定局

面對前述資本市場明顯往非化石燃料與低碳的方向傾斜的事實，企業在推動永續導向的氣候政策的十字路口上已經沒有猶豫的機會，只能積極推動永續轉型，全面且系統化地改造企業面對氣候挑戰的思維模式與策略，並且將之視為機會，而非成本。當然，這對於許多企業而言，是治理模式的調整，當然不容易。

轉型指的是一個組織或人等主體在表徵或性質上的完全改變，而能在面對的情勢中獲得升級。企業透過營運模式或組織的改變，提升競爭力與社會價值，重新形塑競爭優勢（避免被市場淘汰），轉變為新的企業型態的過程，就是企業轉型。以永續發展與氣候變遷為核心考量的企業轉型即為永續轉型。

氣候是許多企業在永續轉型過程中檢驗是否真實面對挑戰的示範

主題，尤其當減碳的壓力從「節能減碳」變成「淨零排放」，且在升溫超過 1.1°C 的環境下調適已屬必要。企業需掌握企業核心業務與價值，判斷永續作為如何創造價值與避開風險，運用新概念與新技術，著眼於未來，將減緩與調適納入核心業務中，且建構企業與成員思考、規劃與執行永續轉型的能力。

轉型已經不是一個選項了，而是已定的局勢。不因應氣候變遷進行永續轉型，企業終將被迫離開市場，差別僅在於時間。

3-2-1 氣候為企業帶來的風險與機會

氣候變遷為企業帶來上述的轉型挑戰，然而，轉型本身也代表著新的機會。事實上，氣候變遷對於地球上若干酷寒地區的居民而言，帶來農業生產與觀光發展等機會。對於企業而言，風險嚴峻是不可爭的事實，然而，以情境模擬的角度，系統化地看待實體財產、供應鏈、勞動力、生產效能，甚至整體商業模式的風險與機會，才更能夠訂出氣候變遷下企業永續的前瞻且務實的規劃。

氣候風險的類型與特徵

氣候變遷已經在國際社會與企業界討論了數十年，「氣候風險」（climate risk）也不是最近幾年才受到企業重視的。在過去十餘年中，麥肯錫、安侯建業（KPMG）、資誠、德勤、安永等顧問機構持續建議企業將氣候風險納入風險控管機制中 [1]。KPMG 與全球律師事務所（Eversheds Sutherland）於 2020 年發布的針對 500 多家全球性企業的報告《氣候變遷與企業價值》（Climate change and corporate value）[2] 調查得出，50% 的美國企業和 37% 的歐洲企業曾評估氣候變遷給企業帶來的金融風險。78% 的企業認為氣候相關風險是影響業務和工作能否繼續開展的關鍵因素，以及

74% 認為需要改善公司的管理水準和技能來更好地應對氣候風險。

由於氣候變遷將為諸多企業帶來重大衝擊，但不見得企業都會面對相關風險，更可能同時造成銀行業者的重大損失，但卻沒有揭露與報告風險的規範，於是各國中央銀行於 2015 年發起成立「氣候相關的財務揭露」（TCFD）。如圖 3-2-1 所示，在 TCFD 中，風險分為「轉型風險」與「實體風險」，其中轉型風險包括政策與法律、技術、市場與名譽，實體風險則依照時間特性分為立即性風險與長期性風險；機會則包括資源效率、能源來源、產品／服務、市場、韌性等類別。

● **實體風險**（physical risk）

實體風險指的是來自於與暖化的氣候相關的極端天氣事件（如洪水、風暴、乾旱、熱浪）和海平面上升等對企業造成的實質影響，可能帶來財產、物質和人身安全損失。國際勞工組織（International Labour Organization, ILO）2019 年發布的報告《在更溫暖的行星上工作》（Working on a Warmer Planet）[4] 預測，到 2030 年，全球總工作時間的 2.2% 將因氣溫升高而損失，相當於 8,000 萬個全職工作的損失，可換算為 2.4 兆美元的價值。

同時，依賴自然和環境條件程度較高的產業和企業的價值也會被吞噬。譬如，到 2050 年，幾乎所有美國滑雪勝地的旺季都可能縮短 50%[5]。澳洲則由於旅行者因森林大火取消行程，使旅遊業直接損失高達 45 億美元[5]。麥肯錫指出，這類實體風險具有增長中（increasing）、空間性（spatial）、非平穩（nonstationary）、非線形（nonlinear）、系統性（systematic）、退化（regressive）和未準備好（unprepared）七項特徵[6]。

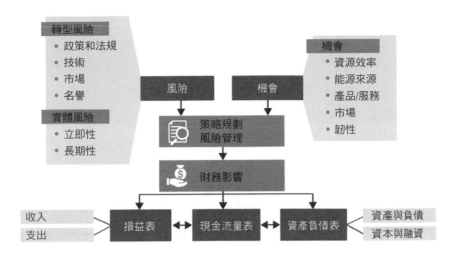

圖 3-2-1　TCFD 的企業氣候風險與機會的框架
資料來源：[3]

● **轉型風險**（transitional risk）

　　轉型風險則考量應對氣候變遷的政策、法律和其他法規給企業帶來的潛在成本。轉型風險也可能來自技術和消費趨勢的變化，例如人們願意選擇碳足跡低的產品。隨著更廣泛的社會改變其對道德商業實踐的看法，這也可能導致企業的聲譽風險，譬如化石燃料之類的高碳產業在氣候友善人士的批評之下，正在失去公眾的好感和投資者的信任，整個行業的市值也在快速蒸發；航空行業也受到乘客「飛行羞恥」（flight shaming）（即為搭乘對環境不友善的飛機感到內疚）的困擾 [7]。隨著越來越多企業選擇成本迅速下降的清潔能源，遠離高碳能源，以傳統能源為代表的高碳行業面臨著擱淺資產（價值貶低的土地、財產或設備）的風險。如果順著能源行業的供應鏈看去，我們會看到汽車、發電、冶煉、機械、微電子、航空等一眾行業都在此列。

在一份英格蘭銀行的報告中，除了上述二種風險之外，還有一個類別：責任風險（liability risk），指的是指企業未能減輕、因應、揭露或遵守不斷變化的法律和監管，預期產生的潛在危害。該風險可能以訴訟賠償金和罰款的形式出現，進一步影響企業的社會聲譽[8]。近年來，「氣候訴訟」（climate litigation）事件不斷增加。根據 2021 年發布的《全球氣候訴訟趨勢》（Global Trends in Climate Change Litigation）的統計，自 1986 年起的 1841 起氣候訴訟案件中，有 54.7% 的案件發生在 2014 年以後[9]。2019 年，7 個 NGO 起訴殼牌石油對氣候變遷的誤導性論述構成侵犯生命權，法院最終命令其到 2030 年底需減少相較於 2019 年的 45% 的碳排放[10]。各國政府也持續提升對於氣候相關的潛在不正義強化監管，投資者也對企業的氣候問責（accountability）保持關注。若在 TCFD 的大分類中，這可歸類於轉型風險的一部分。

氣候風險與企業風險的關係

風險管理對於企業而言一點都不陌生，許多企業有風險控制部門的設置。然而，正因為需要同時間處理多種風險，對於氣候這較為新穎、兼自然與社會特性、且持續發展中的議題，往往設定非優先的順位。

根據 2019 ～ 2020 NACD 治理調查（2019 ～ 2020 NACD Public Company Governance Survey），僅有 13% 的美國上市公司管理者認為風險管理是需要優先面對的[11]。事實上，氣候風險和 2022 年調查報告界定的企業領導人長期在意的經濟衰退、人才競爭、網路安全、技術超前、地緣政治等風險之間[12]，並非為競合關係，而是強化效應。也就是說，高碳排放與天氣壓力等不同型式的天氣風險是企業整體風險的「擴大器」（multiplier）。

氣候變遷同時也帶來機會

任何事情都有一體兩面，氣候變遷也驅動諸多企業的機會，從發電方式到食衣住行的一切，都可能因不同而產生商機。在我國2050淨零排放策略中提到的能源轉型、產業轉型、生活轉型、社會轉型大致上勾勒了不同領域的機會點。在日漸惡化的天氣條件下的低碳社會中，思考利害關係人的壓力與需求，成為企業創造新價值的背景。

TCFD提出五種氣候機會，包括資源效率、能源來源、產品／服務、市場、韌性。若以因應氣候變遷的角度來看，也可以分別從減緩與調適二個角度來看待機會，亦即「低碳轉型」與「韌性調適」衍生的機會。

低碳轉型：去碳化帶來的營收增益

「淨零」作為「減碳」或「低碳」概念的終極加強版本，主導了未來數十年的產業發展方向。以碳管理的角度來看，減碳可控制成本，並且有取得競爭優勢的機會。2019年「碳揭露計畫」（CDP）調查歐洲的企業發現，減碳同時可以降低營運成本，且使用再生能源與提升能源效率可以在投資生命週期內帶來450億美元的淨收益。折算起來，每減少1噸CO_2-e的排放量，就節省了20美元[13]。公司提早投資與使用綠色能源，終究將證實比使用化石燃料更划算[14]。

運具的電動化是低碳轉型的明顯趨勢，《彭博》（Bloomberg）報告預估，到2030年，電動汽車可能占全球乘用車銷量的28%[15]；50%以上最近生產與包裝的消費品來自於較為永續的生產線，而植物性食品的銷售額以市場速度的5倍增長，達到50億美元[16]。低碳商品和服務帶來了數兆美元的商機，顯示消費者偏好的典範轉移。

韌性調適：成為暖化世界的領先者

　　相對來說，對氣候變遷韌性調適的商業機會的談論較少，這也意味著調適領域存在著更多有待挖掘的商業機會。理特（Adlittle）顧問公司提出以下三種韌性調適的商業方案[17]：氣候診斷、韌性解決方案、氣候應對。

● **氣候診斷：**

　　氣候診斷（climate diagnostic）即為為企業蒐集、分析、解讀與溝通和氣候變遷及天氣有關的科學數據，以提供政府、機構、企業或個人進行決策的參照依據。許多媒體、顧問公司與電腦軟體業者，譬如 SaaS，已經開始了類似的業務，也有諸多新創公司以氣候診斷作為核心業務。

● **韌性解決方案：**

　　韌性解決方案業者提供突發性氣候災難的預防、減緩和恢復措施，或為災害事件提供補償。大型公共事業與基礎設施往往需要相關方案，以避免極端天氣事件導致的業務停頓與超額損失。對企業與個人而言，這類似氣候災害的保險，但業者同時設法降低風險與可能的賠償金額。例如英國的新創企業車險公司「可回溯」（Tractable）利用 AI 技術為保險公司自動進行災後損失評估，加速客戶的理賠程序[18]。

● **氣候應對：**

　　氣候應對產業類似一種同時降低氣候風險與構思商機的顧問業，其型式可以相當多樣化，譬如淹水之後的漂浮屋、減少肉食後的植物肉開發，甚至拍攝與氣候變遷相關的電影等。

人才也嚮往低碳產業

對於年輕世代而言，氣候變遷代表的是他們必須更長遠面對的挑戰，他們對於一般企業與自己的雇主的要求更高。根據明晟指數 MSCI 的一項分析，員工滿意度高且對年輕人才有吸引力的公司的排放強度明顯低於同行。在高排放行業，對年輕人最有吸引力的公司的平均碳排放強度比全球平均低了 24%；在低排放行業，差距擴大為 49%（如圖 3-2-2）[19]。在人才缺乏的年代，雇主本身的氣候與 ESG 的綜合表現是吸引與留住人才的指標 [20]。

當氣候變遷的機會與挑戰同時出現時，企業往往面臨成為先行者或跟隨者的抉擇。企業永續的思維讓更多企業願意成為採取降低風險行動，創造機會的先行者，以目前的全球商業發展趨勢來看，氣候友善的因應策略與商業模式的機會將明顯大於風險。

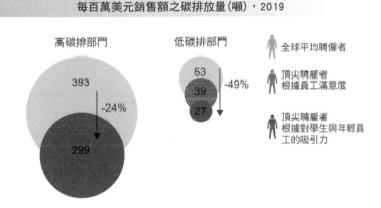

圖 3-2-2　高碳排部門與低碳排部門的碳強度與其員工滿意度

資料來源：[18]

🌐 地球暖化 2.0 小百科

氣候變遷下的綠領人才需求

綠領人才（Green-collar worker）並非近年才出現的概念與名詞，在環境運動蓬勃發展的 1970 年代，在美國參議院的國會聽證文件出現。當時以「為了環境的工作：即將發生的綠領革命」（Jobs for the Environment - The Coming Green Collar Revolution）說明這新的職業屬性的出現[1]。過去這幾 10 年以來環境保護的核心論述已從公害防治、生態保育、環境管理走向永續發展；氣候變遷的情況也已從喚起眾人的重視程度發展為「緊急狀態」（climate emergency）；企業永續的思維與治理模式也從早期的企業社會責任（CSR）發展為「環境、社會與公司治理」（ESG）。於是，綠領人才的概念與範疇也從最早期的「為了環境保護的工作」，擴充為「和環境與永續相關的工作」[2]。若以工作的屬性與相關程度來看，早期將綠領人才分為「具有環境與永續相關工作技術者」與「在環境與永續相關組織、機構、公司工作者」，前者與環境（E）相關，後者與社會（S）相關[3]。

時至今日，綠領人才的範疇更加擴大，與廣義的永續發展相關的工作都可以稱為綠領的工作，涵括了環境保護（E）、社會包容（S）、公司治理（G）相關的各類技術型與管理型工作。氣候變遷這關鍵的重大議題，更成為一個跨越所有領域與類別的題材，舉凡與碳管理（carbon management）或氣候變遷調適（adaptation）相關的工作職位，無論是管理職或技術職，皆迅速成長。2023 年中，104 人力銀行以碳中和、低碳、淨零、負碳排、Net Zero、減碳、零碳、碳審計、碳足跡、碳標籤、碳盤查、電動車、綠能、新能源、風力發電等關鍵字分析職缺，發現 1 月到 5 月平均每月大約有 2000 個相關職缺，而這數字是 10 年前的 6.5 倍，顯見趨勢的明顯改變[4]。雖然根據這些科技名詞可以瞭解具工程專業背景者是技術人才的主力，然而氣候變遷涉及企業氣候整體政策發展、公司碳管理策略擬定與推動、與供應鏈議合、內部共識建構與對外宣傳等跨領域工作內容，硬實力與軟實力兼具的跨領域斜槓人才，更能夠在持續變化的就業市場中立於不敗之地。

3-2-2 做好資訊揭露

氣候變遷為企業帶來風險與機會，然而，這些相關的資訊並不是只對企業本身重要，所有的利害關係人，包括社會大眾、股東、投資者、供應鏈、監管單位等，也都需要充分且系統化地瞭解企業對這些資訊的蒐集、理解、揭露與應用／採取的行動。就監管單位而言，需要這些資訊評量企業風險治理合乎法規要求（合規）的情形，並確保資訊的完整性與透明度足以維護資本市場的開放與動能；另一方面，投資方更需要藉此研判企業面對氣候變遷的整備程度，而決定投資的取向。

在上述背景下，依照其功能與目的，氣候相關的資訊揭露大致上可以分為非財務揭露與財務相關揭露，非財務揭露基於 ESG 的考量，同時展現企業的氣候資訊的完整性與透明度，有可能作為投資者的參照資料，但不見得直接反映在企業本身的財務報表中；財務相關揭露則連結氣候風險和機會與財務，讓各界更能直接依據氣候相關資訊判斷對企業財務的衝擊。

氣候相關的財務揭露

財務揭露是企業提供收入、資產和負債細節的過程，通常以報告的形式呈現。氣候相關財務揭露最初來自金融組織的聯合倡議。「氣候相關的財務揭露」TCFD（Take Force on Climate-Related Financial Disclosure）是金融穩定委員會（Financial Stability Board, FSB）於 2015 年 12 月成立的專案小組 [1]，成立的目標是協助資料發布者、放款者、保險者、投資者、法規管理者可以藉由一套共通的財務報告標準以評估氣候相關的風險與機會。2017 年，該專案小組發布了 TCFD 的最終報告與實施附件 [2]，之後每年發布進度報告。

TCFD 的基本框架由 3 個關鍵步驟組成：核心建議、有效揭露

治理
該組織針對氣候相關風險與機會的治理

策略
氣候相關風險與機會對於組織的業務、策略和財務規劃的實際和潛在衝擊

風險管理
組織鑑別、評估和管理氣候相關風險的流程

指標和目標
用以評估和管理與氣候相關風險與機會的指標和目標

圖 3-2-3　TCFD 的 4 大核心建議的主要內容
資料來源：[3]

原則與情境分析。「核心建議」說明 TCFD 對於氣候治理的戰略與戰術思維：從治理、策略、風險管理，到指標 / 目標，逐步思考、規劃與執行 TCFD 的核心工作（見圖 3-2-3）[3]。公司治理（Governance）係指界定與揭露組織面對氣候相關之風險與機會；策略（Strategy）為揭露現存及潛在之氣候相關風險，與可能對組織財務規劃造成的衝擊；風險管理（Risk Management）為組織審視、評估及管理氣候相關風險之流程；指標和目標設定（Metrics and Targets）則為界定組織用以評估及管理氣候相關風險與機會之關鍵指標與目標。

除了上述關於揭露氣候資訊的系統思維與層級建議之外，TCFD還建議機構考慮 7 項有效和高品質揭露的原則：

1. 代表性：揭露應代表相關信息

2. 完整性：揭露應具體和完整

3. 可理解：揭露應清晰、平衡且易於理解

4. 更新：揭露應該隨著時間的推移保持一致

5. 可比較性：部門行業或投資組合內的公司之間的揭露應具有可比性

6. 可靠：揭露應該是可靠的、可驗證的和客觀的

7. 及時性：應及時揭露

此外，由於與氣候相關金融風險難以預測，因此建議組織考慮譬如 IPCC 的科學機構提出的多種氣候情境，以提升報告的策略彈性。情境分析（simulation analysis）可協助企業識別和評估可能結果與潛在影響，為任何可能的結果做好準備，並將意外的風險降到最低。圖 3-2-4 為氣候財務風險論壇（Climate Financial Risk Forum, CFRF）於 2021 年發行的情境分析指引列出的氣候情境分析的大小循環圖，大循環由界定潛在暴露風險開始，接著發展適當的氣候相關情境，再評估財務衝擊；小循環則為前述各步驟下一層的三或四個步驟。譬如「界定潛在暴露風險」包括檢視傳遞管道、界定氣候相關風險、執行暴露分析三個步驟[4]。

綠色金融體系網絡（NGFS）是一個由 114 個中央銀行和金融監管機構於 2017 年組成的網絡機構，現在許多機構使用 NGFS 於 2021 年發展的情境執行 TCFD。NGFS 情境基於 AR6 的「共享社會經濟路徑」（SSP），搭配整合評估模型（IAMs），發展為 6 個相應的情境，分別對應不同的轉型風險與實體風險，如圖 3-2-5 所示，且分別歸類為有序（ordered）、失序（disordered）與熱室世界（Hot house world）3 類。

TCFD 正在迅速襲捲金融界，成為企業的氣候相關財務揭露標準。2022 年 FSB 發布的狀態報告指出，TCFD 支持者已從 2018 的 571 個組織，增加到 3,113 個，其中有 1,318 家為公司。

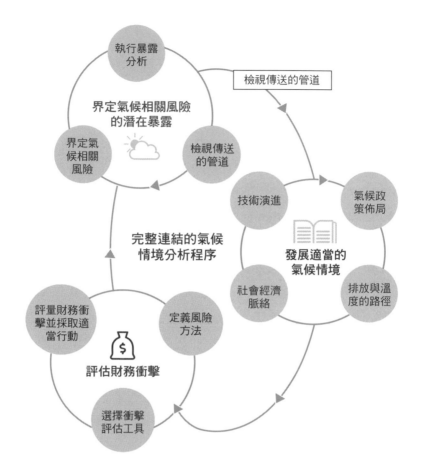

圖 3-2-4　TCFD 情境分析的小循環圖

資料來源：[4]

　　世界各國也都在研究如何將 TCFD 納入自己的 ESG 規定。目前已有超過 15 個國家引入強制的 TCFD，包括我國在內的 120 個中央銀行 / 主管機關鼓勵使用 TCFD 報告 [5]。在許多國家，TCFD 正在迅速從自願轉變為政策面的氣候風險監管工具。我國金管會於 2021 年發布針對銀行業保險業的氣候風險財務揭露指引，要求

自 2023 年起揭露 TCFD。根據臺大風險中心的調查報告，2023 年初，在 900 家營收 1 億臺幣以上的重點企業中，有 129 家採行了 TCFD，比例約為 14.3%。上市櫃公司採行 TCFD 的比例則已超過 40%，幾乎是前一年的 2 倍，顯見 TCFD 已快速成為我國大企業普遍使用的氣候風險財務溝通架構了。

氣候變遷下的非財務揭露

隨著企業的氣候資質成為一種商業競爭力，監管機構、投資人、董事會和第三方機構逐漸不滿足於財務方面的氣候披露，2020 年，安永（EY）發布的氣候變遷與永續服務機構投資者調查（Climate Change and Sustainability Services Institutional Investor Survey）顯示，投資者對環境揭露的不滿意的比例增加了 14%[6]。

這意味著越來越多的投資者認為，僅財務揭露不足以提供公司全貌，而非財務方面的資訊揭露有助於提高企業的透明度，讓利益相關者更加清楚地瞭解公司如何應對氣候和其他外部風險。

2017 年，歐盟發布文件指導企業進行非財務報告，其中涉及氣候變遷相關的資訊揭露，包括「以科學為基礎的戰略與預期衝擊」、「可能性的評估與情境分析」、「用於評估和管理環境與氣候的指標與目標」等若干建議[7]，其精神在於追求更為可靠和完備的衡量體系。2020 年 9 月，世界經濟論壇發行《邁向通用和一致的永續價值創造》（Towards Common Metrics and Consistent Reporting of Sustainable Value Creation）[8]，為非財務揭露的標準定調。該報告提出企業的非財務揭露的 4 大支柱（治理原則、地球、人和財產）和 14 項主題。

氣候變遷是「地球」下的一個主題，揭露項目包括溫室氣體排放量和與 TCFD 一致的風險與機會報告，同時要求企業以二氧化碳當

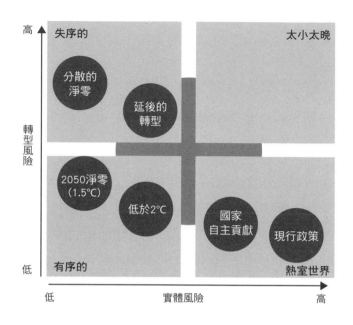

圖 3-2-5　綠色金融體系網絡（NGFS）提出的六個氣候
　　　　　變遷情境，分為三大類

量噸（tCO$_2$-e）為單位報告《溫室氣體議定書》（GHG Protocol）
規範的範疇 1 和範疇 2 的排放量，若有必要並估計和報告範疇 3 的
排放量。同時，需揭露短中長期的氣候變遷戰略和指標 / 目標，
包括公司是否已承諾「科學為本的目標」（science-based targets,
SBT），即到 2050 年實現淨零排放。這些事項與文件關乎企業組
織非財務揭露的品質。

　　在過去幾年中，由於各種非財務揭露機制越來越多，國際財務
報導準則（IFRS）基金會在 COP26 期間宣布成立國際永續準則理
事會（ISSB），在 2023 年 6 月 26 日正式發布 S1 跟 S2 兩套國際

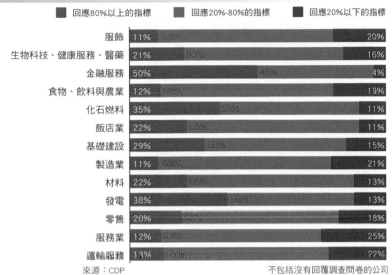

揭露的不足 CDP的氣候揭露調查的回應完整度為何？

■ 回應80%以上的指標　■ 回應20%-80%的指標　■ 回應20%以下的指標

行業	80%以上	20%-80%	20%以下
服飾	11%	69%	20%
生物科技、健康服務、醫藥	21%	63%	16%
金融服務	50%	46%	4%
食物、飲料與農業	12%	68%	19%
化石燃料	35%	55%	11%
飯店業	22%	68%	11%
基礎建設	29%	56%	15%
製造業	11%	68%	21%
材料	22%	66%	13%
發電	38%	50%	13%
零售	20%	62%	18%
服務業	12%	63%	25%
運輸服務	13%	65%	22%

來源：CDP　　　　　　　　　　　　　　不包括沒有回覆調查問卷的公司

圖 3-2-6　　不同行業對 CDP 氣候資訊揭露指標的回應程度
資料來源：[13]

永續揭露準則。其中 S1 為永續相關財務資訊揭露一般規定，S2則為氣候相關揭露，並且在 2024 年開始適用。國際財務報導準則（IFRS）基金會整合（IR）、永續發展會計準則委員會（SASB）、氣候揭露標準委員會（CDSB）、氣候相關的財務揭露（TCFD）等揭露內涵，且以財務揭露為基本思維，後續將成為國際領域越來越通用的 ESG 揭露框架[9]。我國金管會在 2023 年 8 月 17 日宣布，直接接受 IFRS 的國際永續揭露準則，並且所有上市櫃公司於2026 ～ 2028 三年間分階段完成揭露[10]。

🌐 **地球暖化 2.0 小百科**

什麼是溫室氣體排放的範疇 1，2 和 3 ？

碳盤查，也就是報告自己的溫室氣體排放是企業揭露氣候資訊的第一步。那麼，企業的溫室氣體排放量如何定義呢？《溫室氣體盤查議定書的企業標準》（GHG Protocol Corporate Standard）是目前國際通用的衡量企業碳排放的標準文件，規範了企業的碳排放由三部分組成，分別是範疇 1、範疇 2 和範疇 3[1]。

範疇 1 排放，簡稱「直接排放」，意謂來自公司擁有和控制的資源的直接排放。排放的氣體是一系列活動的直接結果，從公司層級釋放到大氣中。它分為 4 大類。第 1 類是固定燃燒（stationary combustion）（例如燃料、熱源）產生的排放，而所有產生溫室氣體排放的燃料都必須包含在內；第 2 類是移動燃燒（mobile combustion），是指由公司擁有或控制的所有車輛（例如汽車、貨車、卡車）的內燃機引擎產生的排放。電動汽車（EV）因使用二次能源，其排放不屬於此類；第 3 類為逸散排放（fugitive emissions）是指溫室氣體（例如制冷、空調裝置）的洩漏。儘管數量不多，但制冷劑產生的氫氟烴（HFCs）的全球暖化潛勢（GWP）為二氧化碳的數千倍；第四類是製程排放（process emissions），即在工業製程中的排放（例如，水泥製造的化學反應產生 CO_2、工廠煙霧、化學品）。

範疇 2 排放，簡稱「間接排放」，是企業從公用事業供應商購買能源產生的間接自有排放，即企業範圍內消費的電力、蒸汽、制熱和制冷背後產生的溫室氣體排放。對於大多數企業而言，電力是範疇 2 的唯一來源。

範疇 3 排放是報告公司價值鏈（value chain）中發生的所有間接的非自有排放，分為上游和下游排放。根據《溫室氣體盤查議定書》

（GHG Protocol），上游指的是為了產出產品的各種活動的排放，下游則是產品誕生後衍生的排放。範疇 3 一共分為 15 類，上游 8 類與下游 7 類。圖 3-2-a 列出了這些類別，上游包括：採購的產品與服務、資本財、燃料與能源相關活動、上游運輸與配送、營運過程產生的廢棄物、商務旅行、員工通勤、上游資產租賃；下游包括：下游運輸與配送、銷售產品與服務的加工、銷售產品與服務的使用、銷售產品與服務的生命終期處理、下游資產租賃、加盟、投資。

圖 3-2-a　企業溫室氣體排放的三個範疇

資料來源：https://plana.earth/academy/what-are-scope-1-2-3-emissions/

碳揭露計畫反映的現況

「碳揭露計畫」（CDP）是目前非財務環境與氣候資訊揭露最具代表性的架構之一。CDP 成立於 2000 年，當時的名稱是 Carbon Disclosure Project，即為「碳揭露計畫」之意。2013 年開始，該組織以 CDP 為正式名稱繼續運作。2002 年，CDP 代表 35 家機構投

🌐 **地球暖化 2.0 小百科**

供應鏈的脫碳指南

2020 年初，COVID-19 開始在全球蔓延，全球供應鏈遭受到前所未有的挑戰。隨著各地的生產力因封鎖或管制受到嚴重影響，全球供應鏈的複雜性與脆弱度完全顯露出來。氣候變遷則讓這已經不穩定的全球供應鏈雪上加霜。極端天氣帶來的生產力與資料的損失，或氣候變遷長期趨勢下造成營運成本的升高，碳排放量也受到影響。考慮到公司平均在其供應鏈的排放平均是營運排放的 5.5 倍 [1]，這使得範疇 3 的減量成為促進供應鏈轉型的關鍵焦點。

2021 年，世界經濟論壇（WEF）發布報告：「供應鏈的淨零挑戰」（Net-zero-The Supply Chain Challenge），針對供應鏈脫碳的趨勢與各主要行業的策略做了系統性的說明，對全球碳管理有深遠的影響。

除了強調對氣候的明顯好處外，該報告直擊供應鏈脫碳的成本痛點，得到「供應鏈脫碳不會增加終端消費者的成本」的結論。對供應鏈排放量較高的八大行業（食品、建築、時尚、快速消費品、電子產品、汽車、專業服務和貨運）的溫室氣體排放分析顯示，大約有 40% 的排放可以透過簡單且可負擔的槓桿來抵銷（每公噸成本小於 12 美元）。並且，採取某些方案不僅不會增加成本，還能夠長期有效降低成本。

資者寄出第一份氣候變遷問卷，獲得 245 家企業回覆，成為發展過程中的里程碑。

2010 至 2011 年，CDP 開發了水與森林問卷，並在 2015 年與聯合國全球盟約（UNGC）、世界資源研究所（WRI）、世界自然基金會（WWF）等組織共同創立「科學基礎減量目標倡議」（SBTi）。

以食品行業為例（如圖 3-2-b），25% 的排放量可以透過減少食物浪費、優化氮肥使用和提高低排放強度肥料的使用比率落實，其中減少每公噸二氧化碳當量的排放成本的食物浪費可以節約 97 歐元；用於發電和供熱的再生能源可以提供 15% 的減碳量，且幾乎不增加成本；超過 55% 的排放量需要透過基於自然的解決方案（NbS）處理，譬如轉向不砍伐森林的農業和復育紅樹林和泥炭地等，其中前者在實施初期的排放成本是每公噸二氧化碳當量 50 歐元。

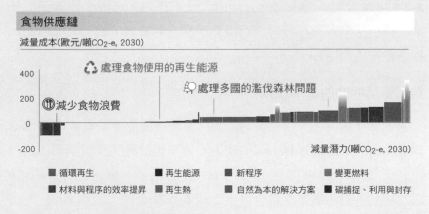

圖 3-2-b　食品行業供應鏈減碳潛力和成本
資料來源：[1]

2018 年時，CDP 參照「氣候變遷相關財務揭露」（TCFD）的建議，進行問卷的改版，並在 2022 年考量生物多樣性公約（CBD）的訴求，在氣候變遷問卷中加入生物多樣性問題 [11]。CDP 揭露的資訊雖然不見得是直接財務資訊，但對於授信機構與投資人而言，屬於重要參考資訊。

2022 年全球對 CDP 繳交環境揭露資訊的公司一共有 18,700 家，代表 130 兆美元投資資金與 6.4 兆美元採購金額。全球僅有 12 家公司在氣候變遷、森林與水安全三大主題都被評為 A 級，成為「3A 企業」。臺灣企業一共有 380 家參與，其中 11 家取得「雙 A」成績 [12]。

CDP 也說明了目前全球企業的氣候資訊揭露程度尚屬不足。CDP 於 2022 年 3 月分析了對於 13,120 家公司提交的氣候相關的揭露文件，這些公司占全球市值的 64%，其中只有 4,002 家公司（約占總數的 30%）聲稱制定了低碳轉型計畫，且只有 135 家公司揭露了 24 項關鍵指標，達到 CDP 認定的較佳資訊揭露等級 [13]。圖 3-2-6 可以看到，在全部的公司中，化石燃料、金融和能源這三類面臨轉型挑戰較為直接的公司揭露了較多的指標，然而其他行業的揭露程度仍需提升。

氣候資訊揭露的基本原則

為了提升環境與氣候揭露的品質，氣候揭露標準委員會（Climate Disclosure Standards Board, CDSB）近年也發展諸多標準與工具，連結需要填寫 CDP 問卷或執行 TCFD 的企業。簡而言之，CDSB 認為相關的資訊揭露需符合以下 7 個基本原則 [14]：

1. 環境資訊必須符合相關性與重大性原則；
2. 資訊必須誠實地揭露資訊；

3. 揭露的資訊必須與主要報告之間銜接;

4. 揭露的資訊必須一致,且可比較;

5. 揭露的資訊必須清晰,且可瞭解;

6. 揭露的資訊必須可驗證;

7. 揭露的資訊必須具有前瞻性。

資訊揭露是企業面對氣候緊急狀態的基本工作,讓自己,也讓利害關係人瞭解公司的歷史、現況與前景。這也是企業具體的氣候行動的展現,也是以氣候資訊為核心,實踐永續轉型與數位轉型的雙軸轉型的具體作為。公司揭露氣候變遷風險與機會,並和揭露組織合作,提升揭露的整體品質,有助於投資者與商業領袖做出充分告知前提下的財務決策(informed decision-making),以有效因應全球氣候危機。

3-2-3 以淨零承諾為始

在過去的幾年裡,越來越多的家喻戶曉的大企業宣布了承諾2050(或更早)達到淨零目標,其中不乏石油和天然氣、汽車、航空公司和其他傳統上高碳排的公司,如通用汽車、BP、中國石化、美國航空;也有 Google、Microsoft、Dell、IBM 等科技業領袖 [1]。在《2022 年淨零盤點》(Net Zero Stocktake 2022)的報告中,全球 2,000 家最大的上市公司中至少有 35% 已宣布淨零目標 [2]。在航空行業,全球幾乎所有的航空公司都承諾到 2050 年實現淨零排放 [3]。這些高排放企業的淨零承諾非常具有代表性,象徵對於全球減碳的重大效益之外,也在企業領域具有高度的象徵意義。

淨零已成為政府和企業承諾應對氣候變遷的「黃金標準」。事實上,按照淨零承諾在上市公司內的增長趨勢,若企業遲遲不宣布淨

🌐 地球暖化 2.0 小百科

資誠的神碳計算機

跨部門資料統整、專案人員流動、跨多據點母子公司的資料合併，數據的版本管理與追蹤，是大家在組織碳盤查中常遇到的痛點，然而，專業的數位化工具能順利解決這個問題。

PwC Taiwan 資誠聯合會計師事務所開發雲端系統——「神碳計算機」，是一套結合數位、顧問經驗的系統，協助企業能無礙地完成組織型碳盤查。企業透過雲端系統，可以讓成員共同協作，以達到資料保存、維持資訊一致性的目標，若現行法規或係數有調整，系統也可以即時更新帶入最新的資訊。

在數據填寫上，系統內採問卷式填答，藉由顧問式引導、關鍵字搜尋、選單選取與反覆式提醒等方式，增加使用者易操作的便利性，並可進行基準年設定，進行跨年比較，亦可將相關數據轉化為指定報告用途，例如產出碳盤查或永續報告書所需報表等，適合各種不同規模大小的組織。

導入數位化工具，不僅能強化企業內部協同合作，更能降低人工記載及計算誤差，提升盤查效率，藉此展開短中長期碳管理，達成減碳目標。

圖 3-2-c　「神碳計算機」的首頁示意圖
資料來源：https://www.pwc.tw/zh/products/carbon-calculator.html

零目標，往往會使自身的內外部聲譽受損，遭受巨大的競爭壓力[4]。提出淨零目標的企業固然多多益善，人們也對於淨零承諾能否真正實現淨零排放存疑。

一方面，企業可能缺乏標準和系統的方法設定目標的範圍與邊界，或尚未真正就其具體的淨零方案形成明確的論述和可行性規劃，另一方面，資訊揭露的透明度問題也催生了對企業「漂綠」（greenwashing）的疑慮[5]。

企業看待淨零的思維模式

淨零排放的定義，我們已經在第 2 章有完整的說明，包括淨零排放與碳中和究竟有何不同。企業承諾淨零排放，除了代表一種決心之外，也象徵一種「以終為始」的策略思維。

長期以來，「減碳」或「低碳」是企業的自我期許，「時間點與目標值」是管理的基本手段。然而，現在直接宣告 2050 年達到淨零排放，剩下的議題就是「如何達到」與「階段性目標」了。

2020 年 6 月，聯合國氣候變化綱要公約（UNFCCC）發起「奔向淨零」（Race to Zero）運動，至今已經超過一萬個組織加入。2022 年 UNFCCC 發行「奔向淨零的標準 3.0 版本」（Race to Zero Criteria 3.0），標舉需要完成四大步驟與一個後續，四大步驟為宣告（pledge）、計畫（plan）、執行（proceed）、公告（publish），後續作為是說服（persuade）[6]。這重點在於，並不是宣告就好了，達到目標才是真正的檢核點，需要訂定計畫，具體執行，才能將成果資訊妥善揭露。這些步驟被該組織視為在起跑線時，就必須關注的最基本原則，而非高標準[7]。

此外，目標並非僅有 2050 淨零排放目標，而是依據一個路徑圖，逐步完成階段目標。譬如，目前格拉斯哥氣候協定就規範全世界需

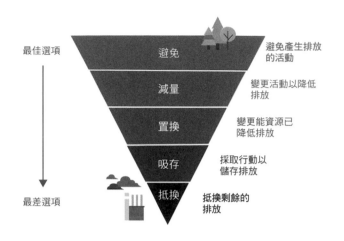

圖 3-2-7　澳洲墨爾本皇家理工大學的減碳順位圖

資料來源：[8]

在 2030 年將碳排放降低至少 45%（相較於 2010 年），就是一個案例。之前介紹 IEA 的 2050 淨零排放路徑圖，則是以每 5 年作為一個檢核點，標定具體作為與四大部門的減碳目標。企業也應該以這樣的方式嚴密規劃、具體執行、反覆檢核。

此外，減碳的順序也是重要的。最重要的原則就是必須先避免排放，再實施減量作為，最後才抵換。不能夠在未窮盡各種降低排放或增加減量的方法時，就採行抵換。圖 3-2-7 為澳洲墨爾本皇家理工大學（RMIT）的減碳順位圖，依序為避免（avoid）、削減（reduce）、置換（substitute）、捕捉與封存（sequester）、抵換（offset）[8]。其中削減為行為或製程的改變，置換指的是置換能源或設備，捕捉與封存是將釋放出去的碳運用自然或人工碳匯方式抓回。

優化的淨零承諾方案:「科學基礎減量目標倡議」SBTi

2015 年,在巴黎協定通過的當年,由碳揭露專案(Carbon Disclosure Project, CDP)、聯合國全球盟約(UN Global Compact)、世界資源研究所(World Resource Institute, WRI)、世界自然基金會(World Wildlife Fund, WWF)等四個具有高度代表性的國際組織共同成立了「以科學為基礎的減量目標倡議」組織(Science Based Targets initiative, SBTi),提供以科學為基礎、有效減少溫室氣體排放的明確途徑。

一開始 SBTi 根據巴黎協定所訂定的升溫低於 2°C 的目標,替企業計算「以科學為基礎的減量目標」(SBT),在 2021 年格拉斯哥氣候協議通過後,於 2022 年 7 月 15 日開始,新計畫全面採用不高於 1.5°C 的新標準。SBT 兼具道德意義與商業價值,不僅標舉了企業加入全球淨零排放的行列,也標舉了氣候道德高度 [9]。

企業需同時考慮範疇 1、範疇 2 與範疇 3 的排放量,近期目標需考量 95% 以上的範疇 1 與 2,和至少 67% 的範疇 3 排放;若考慮至 2050 年的長期目標,則範疇 3 排放的涵蓋率需提升至 90%。這樣的設計使得那些將高碳排製程外包的品牌商必須負起整個供應鏈減碳的責任。此外,無論近期或長期路徑,每年的排放量都必須下降。短期為從基準年開始的 5 ～ 10 年,每年都必須至降低 4.2% 的排放量。近期目標達到後,則需持續以全球升溫不超過 1.5°C 的標準持續減量至淨零為止,才能宣告已經達到淨零排放。如同之前所述的原則,企業需以自主減量的方式減少範疇 1 與範疇 2 的排放量,剩餘的 5 ～ 10% 的排放量需以永久且務實的方式移除,譬如碳捕捉與封存,以達到淨零。此外,SBTi 也鼓勵企業以投資減碳技術或專案等方式,協助減少價值鏈以外的排碳量(BVCM),如圖 3-2-8 所示 [10]。

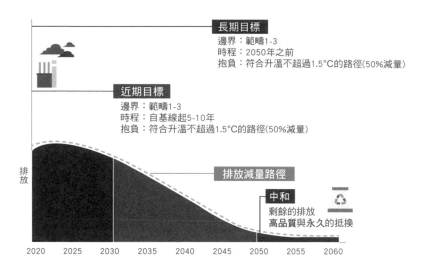

圖 3-2-8　SBTi 淨零排放路徑總覽

資料來源：[9]

至 2023 年 5 月為止，全球承諾加入 SBTi 的企業達到 4,961 家，完成目標審核者為 2,602 家，占加入者的 52%，承諾淨零排放者共 1,787 家，占加入者的 36%。臺灣的參與者一共 105 家 [9]。

避免掉入碳交易的技術陷阱

企業達到碳中和或淨零排放的最後一步就是碳抵換，因此需要購買或取得碳信用（carbon credit），也就是在臺灣俗稱的碳權。因此，也有了碳交易制度，希望透過市場機制，提升合作減碳的效率與額度。然而，企業必須避免過度依賴碳交易，或因瞭解不足而落入技術陷阱。

有市場才會有交易，我們需十分瞭解在某碳交易市場中交易的商品為何？首先，我們必須明確界定，碳交易市場分成「強制性市場」與「自願性市場」，前者的交易額度來自譬如歐盟排放交易制

度（EU ETS）管制產生的碳排放權額度，後者則來自於不受政府管理之組織認證的碳信用。此二者涇渭分明，互不相通。此外，強制性市場之碳信用通常僅適用於當地，許多倡議或宣告無法運用自願性市場碳信用抵換。譬如前述的 SBTi 就無法使用自願減量額度（VCU）抵換。

在碳交易領域的諸多英文網站或文件中，常習慣以「碳信用」（carbon credit）稱呼強制性市場的額度，強調這是搭配有公權力的管制措施產生的允許排放的額度（carbon allowance），另以「碳抵換」（carbon offset）稱呼自願性市場產生的自願減量額度，以彰顯兩者的不同。不過，「碳信用」本身也可以是一個通用名詞，「碳抵換」用於說明購買碳信用來抵換排碳量，完成碳中和的最後一里路，將「抵換」當成動詞，而非名詞[11]。

自願減量市場的碳信用通常來自於二類計畫：避免排放（emission avoidance）與碳移除（carbon removal），前者是採用技術或方法，讓日後的碳排放小於基線，差距的額度即可透過認證成為 VCU；後者則是將排放到大氣中的碳捕捉回地面的量，包括以自然為本的解方（nature-based solutions），譬如紅樹林復育或植林，與技術解方（technological solutions）或科學為本的解方（science-based solution），譬如碳捕捉、利用與封存（CCUS）等。其共同性質是需透過一個計畫的申請，經過 Verra 或 Gold Standard 等國際認證組織認證後，方能在其平台上交易。這也就是說，並非自己或公司的後院有一些樹，就可以直接說取得了碳信用或額度，必須要申請、成案，並且經具有公信力的單位審核通過，才能夠對外聲稱取得額度，進而交易。

表 3-2-1 列出二類碳交易市場在若干關鍵屬性上的差異，包括市場機制、單元型式、可替代性、供需的驅動因子、案例、目前的

🌐 地球暖化 2.0 小百科

企業氣候方案中的漂綠爭議，如何識別以及如何避免

當一個概念、說法或術語突然爆紅，常就會發生「言必稱節能減碳」、「所有政策前面都加上淨零」、「所有基金都是 ESG 基金」、「只能提 nature-based solution 相關計畫」或「企業都宣告 2050 淨零排放」這些現象。然而，企業是否真正瞭解何謂 2050 淨零排放，是否如前述透過 4P 或 5P 的要件與步驟規劃，並且持續改善，則很難判斷。

於是，透過宣告淨零排放、強調「低碳」商品來「漂綠」（greenwashing），就成為了一個各界關注的議題。企業宣揚其氣候承諾或氣候行動，但與事實不符，或對解決氣候問題並無助益，就涉及漂綠。刻意掩蓋公司影響氣候的行為，強調不符合外加性或透明度等基本原則的「綠色行動」，也可以認定為漂綠。漂綠的本質是「傳播虛假訊息」[1]，主要的外顯症狀包括虛偽造假（以假亂真或表裡不一）、模糊焦點、以偏蓋全、情感訴求、文字遊戲等[2]。

如何避免消費者受到漂綠的操作，受到企業的公關或行銷手法的影響，而做出錯誤的消費決策？以下是幾個需要詳加考慮的問題：

1. 企業宣告的氣候目標是否包含中期目標和長期目標？

2050 年是 20 幾年之後的事情，大部分企業的領導階層屆時都已退休或離職，減碳的成效的查核點不能僅設定於 2050 年。2018 年 IPCC 發布的《全球暖化 1.5°C 特別報告》強調，到 2030 年，世界需要將排放量減少大約 45%[1] 才能夠避免氣候危機，而從 2030 到 2050 年減量剩餘的 55%。企業宣告的減碳目標與查核點至少應該包括 2030 年，且到 2050 年應至少每 5 年設定一個查核點。

2. 關注與研析企業達到淨零的話術

為了避免被一些淨零承諾誤導，消費者可以先注意企業宣布的是「淨零」還是「碳中和」，因為前者的強度比後者強得多，也更難達成。此外，這淨零是否包括整個企業、整個企業的價值鏈（上游與下游）。一個公司表示營運總部將在 2030 年達到淨零排放，某產品通過 ISO 14067 取得碳中和認證，都不算是該公司達到淨零排放。一個現實的案例是：BP 英國石油公司的目標是在油氣井中實現淨零排放，但不包括實際燃燒燃料的客戶產生的大量排放 [2]，與公司達到淨零排放差距甚大。說「排放強度」降低，不代表絕對排放量降低；而說明減碳多少，事實上也無意義。完整的絕對排放量才是唯一衡量標準。

3. 企業的碳補償方式是否真能降低碳排放？

過去京都議定書時代的清潔生產機制（CDM）是早期鼓勵企業減碳的制度設計，但由於涉及重複計算，無法真實減碳，已經中止。企業支持造林計畫、在垃圾掩埋場回收甲烷或改變農法增加土壤中的有機碳……等等措施，理論上可以減碳，但事實上要看執行後的真實狀況，這就涉及到當初認證的品質。若要達到淨零排放，用以補償的碳抵換額度要求相當嚴格，必須是真實能夠從大氣中移除碳的生物或科技碳匯，一般能滿足碳中和的抵換通常不能用以達到淨零。

在 2022 年 COP27 期間，聯合國特別發行了一份報告：「誠信為上」（Integrity Matters），針對企業、金融機構、城市與區域的淨零承諾進行「反漂綠」的原則提示。聯合國秘書長古特拉斯在序言中表示：「我們迫切需要每一個企業、投資者、城市、州和地區履行他們關於淨零承諾的談話。我們承受不起慢吞吞或虛假的推動者，或任何形式的漂綠」[3]。該報告提出十項反淨零漂綠的「建議」，包括宣告與設定淨零目標與階段標的、制訂過渡計畫、逐步停用化石燃料與提升再生能源、公正轉型、提升透明度與課責性等。

價格狀態等[12]。由該表可以看出這二類市場的根本差異，甚至包括了價格在內。由於自願性碳市場向來因品質不穩定受人詬病（譬如若干植樹案件因經營不佳而生長遲緩，甚至死亡，無法真實固碳），目前每公噸碳信用的平衡價格約為 1.5 美元，與強制性市場的 80 ～ 100 美元差距甚大。

巴黎協定第六條（Article 6）也稱之為規則書或規則手冊（rule-book），設計來規範國際碳交易的基本原則與可能性。其中的關鍵條文 Article 6.2 規範國家之間的碳信用交換，Article 6.4 規範聯合國認證的國際碳信用規則[13]，均在發展中，但對於後續的全球碳交易市場將產生影響。基於各國完成自訂貢獻（NDC）的需求，Article 6.2 發展「國際轉移之減緩成果」（internationally transferred mitigation outcomes, ITMOs）概念，讓國家之間有可能交換碳信用額度，然需重視不能重複計算（double counting）的原則。Article 6.4 強調透過一個監督委員會（Supervisory Board）訂定規則與路徑，探討強制性市場與自願性市場流動的可能性[14]。然而，碳信用的「品質」（quality）仍是最關鍵的考量。

為了回應自願性市場品質不穩定地問題，許多交易平台與智庫，提出自我提升的倡議核心碳原則（Core Carbon Principles, CCPs），包括十點基本原則，以維持最基本的要求——誠信（integrity）[15]。這十點原則分為三類：治理、排放衝擊、永續發展。「治理」類的原則包括有效治理、溯源、透明度、有力的獨立第三方確認與認證；「排放衝擊」類別包括外加性、表現、排放減量與碳移除的量化、無重複計算；「永續發展」類別則包括永續發展效益與保障、對淨零過渡的貢獻。這些基本原則總結了目前自願性市場的問題與未來需要克服的障礙。

表 3-2-1 強制性與自願性碳市場的差異分析

屬性	強制性碳市場	自願性碳市場
市場機制	Cap-and-trade（CAT）或稱總量管制；排放許可額度由一權責政府機關制訂，並分配（或拍賣）給市場內的各個成員。	自由市場：碳抵換額度（carbon offset）由個別計畫創造，且自由交易
單元型式	一噸溫室氣體排放許可（CO$_2$-e）	驗證通過的一噸 CO$_2$-e 的減量額度
可替代性	均一產品	計畫特性（計畫型態、共效益、品質等）決定價格 不同標準與註冊單位（Verra、ACR、Gold Standard）
供需的驅動因子	排放許可的有限性 供給決定了成員的需求	計畫開發者提供抵換額度 私人部門具有自願減量額度的需求持續成長
案例	歐盟 ETS，中國 ETS，加州與 RGGI，不同區域或國家機制	Verra Verified Carbon Units（VCUs），Climate Reserve Tons（CRTs）等
目前的價格狀態	每噸約 80～100 美元 [註1]	每噸約 1.5～2.0 美元 [註1]

資料來源：修改自 https https://www.indexologyblog.com/2022/07/15/compliance-versus-voluntary-carbon-markets/

註1：價格資訊來自 https://carboncredits.com/carbon-prices-today/，每日價格不同。以 2023 年 8 月 27 日為例，EU ETS 的碳信用額度的價格為每噸二氧化碳當量 89.25 美元。自願減量額度中的 NbS 額度為每噸二氧化碳當量 1.69 美元，其他類別更低。

若碳交易本身是一個市場，我們也應理解交易本身必須有經濟誘因，也就是要有處可賺，否則不會產生真實的交易。若透過案件的申請、付出了規劃費用、未來維護費用，加上申請認證費用，最後有可能每噸的二氧化碳當量額度的成本達到美金 100 元。在市場上的交易若所得若低於達成本，碳交易本身將不具成本效益，市場的交易量無法提升。若無政府強制補助或額外價值，這則屬於差在成本型。若政府補助碳匯的中請案，強調象徵意義而非市場價值，則需從共效益（co-benefit）角度論述補助金額的價值，遠則屬於生態系服務（eco-system services）評價的範疇了。

3-2-4 永續創新的商業模式

因應氣候變遷是個艱鉅的任務，且隨著氣候緊急狀態的來到，世界各國紛紛宣布2050年前後達到碳中和或淨零排放，降低碳排放，甚至將已經排放的碳重新「帶回地表」，急迫性大幅提升；隨著衍生的極端天氣事件與其他連鎖反應益發嚴重，調適的需求強度也快速升高。

氣候變遷代表著地球氣候系統平衡狀態的改變，是一種系統改變。我們因應的方式，也應該是系統性的改變，一些細微末節的調整，若未能對未來的碳排放趨勢產生明顯的影響，則為無效。

氣候變遷發生的原因是人類從工業革命以來的經濟行為，要改變氣候變遷的趨勢，也必須從源頭解決問題。具有財務永續性，支持永續發展，且符合人性的商業模式，是不二法門。

創新的是系統與思維模式

「創新」（innovation）說來容易，然而創新的意涵、對象、目標為何，皆須思考與定義清楚。所有既有的商業模式，事實上皆為人類社會演變過程中人們的創意設計，且隨著時代變遷持續演化。照相機剛發明時，需要有攝影師傅帶著大照相機到府服務，後來照相機搭配軟片，讓大家方便使用，但須送店沖洗；數位攝影的出現造成了軟片巨擘「柯達」的消失，而手機搭配相機功能的普遍化又讓數位相機的銷售數量大幅下降。每一個階段的「前一個行業」該思考的是什麼創新？創新什麼呢？

簡而言之，創新的核心在於擺脫原來的思維模式，也就是基本觀念的重新設定（reset your mindset），在氣候領域的重點包括：

　　1. 對「創新」本身的理解與定位需要創新

2. 企業的角色從碳排放者（carbon emitter）轉化為氣候解決方案的提供者（climate solution provider）

3. 氣候創新方案不見得增加成本，反而可以提升價值

重新定義系統之後，在原先系統中的若干法則就可以打破。傳統上，人們認為氣候變遷減緩或調適造成製造或管理成本的增加，不利於商業競爭，然而，妥善設計的創新方案可以讓系統效率提升，提升競爭力與營收，也可能降低風險，一舉數得。隨著氣候變遷日趨嚴重，國際社會出現更多譬如歐盟的邊境碳稅（CBAM）的碳管理工具，創新的商業模式的潛在益處更為明顯了。

因為是系統變革，破壞式創新（disruptive innovation）是因應氣候變遷的商業模式的基本性質。以 2050 年淨零排放為例，如果世界各國下定決心，COP26 訂出的 2030 年全球碳排放比 2010 年降低 45% 的目標，有可能透過現有的科技與管理措施達成；但是，2030 年到 2050 年降到零碳排放的目標，就必須要有現在還不存在或不成熟的創新技術或機制才能達到了。「破壞式」代表顛覆性的創新，譬如能源使用型態與模式的完全改變、運輸與運具搭配的全新模式、會議互動模式的大翻轉、電腦顯示與印出概念的革新、網路概念的跨代、農業與食物的智慧化，甚至國家與區域界限的的重新框架。以「上帝視角」重新框架系統，會看見不一樣的機會，提出不一樣的解答。

氣候相關創新商業模式的特徵

壓力與機會為創新的商業模式製造條件，氣候變遷的壓力迫使各界開發新的商業模式，除了本身的商業機制以外，也需要有政策支持這樣的創新科技或管理機制，且營造適合商業模式發展的社會環境，包括基礎設施與公民意識。近年來，氣候相關的創新商業模式

可以使用一個新的名詞代表：氣候服務（climate service），即運用氣候與天氣資訊，將科學轉化為解決方案的服務型態，從最基礎的氣象預報，到產業活動、農業生產、身體健康的風險管理。從這個角度看待創新的氣候商業模式，可以發現數個特徵 [2]：

1. 系統性：商業模式需考量天氣或氣候相關的系統與應用系統之間的完整連結和互動關係，且同時考慮商業行為。

2. 全面性：在不同的介面會需要不同的知識與技術，最後再予以串接。設計者需要廣泛的知識與技術，和跨領域的思維模式。

3. 共創性：許多供給和需求的交集點需要透過服務提供者與需求者共同討論產生，甚至需要一起工作，以解決關鍵的問題。

在氣候變遷相關領域，創新的商業模式可以提升競爭力、創造就業機會，讓科學與技術的社會影響力（social impact）最大化。然而，由於氣候變遷是全球性的，能夠應用在全球的商業模式效應更大。譬如，潔淨能源相關的科技與系統除了需要持續開發以外，也藉由全球的擴散而擴大其影響力。跨國與跨業的合作，甚至國際條約倡議共創模式，搭配具有促進效果的政策，均是關鍵條件，譬如碳定價、碳稅、搭配的環境標準、認證機制等。當然，對於創新技術的智慧財產權的保護，搭配適當的轉移機制，也屬於政策基礎建設的一環 [3]。

● 技術發展與商業模式的四種創新組合

商業模式是很多科技產生真實影響力最需要跨越的障礙，全球最重要的諮詢公司波士頓諮詢公司（Boston Consulting Group, BCG）使用科技的成熟度與商業模式的創新度，繪製出一個對照圖，表達四種不同的可能性 [4]。在圖 3-2-9 中，左下方是許多企業

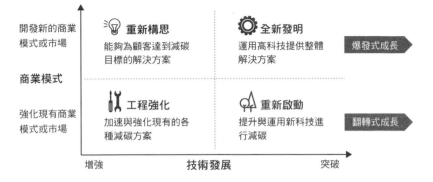

圖 3-2-9　技術發展與商業模式的各種創新組合
資料來源：參考修改自 [4]

或社會正在執行的「工程強化」專案，提升現有的商業模式或市場的品質，且多投入資本或人力，希望能夠促成多一點的碳減量；左上方則為技術沒有顯著突破的情況下，重新建構商業模式的「重新構思」；右下方是技術突破搭配略為改善的傳統商業模式，可說是「重新啟動」，類似作業系統改良的 PC；右上方則為新科技搭配創新商業模式，可說是「新發明」，完全不受到既有模式的限制，有無限的機會。這也就是前面提到的「破壞式創新」。

● 商業模式從問題導向翻轉為解決方案導向

在 2021 年的 COP26，聯合國氣候變化綱要公約成立了「聯合國氣候變遷全球創新中心」（UN Climate Change Global Innovation Hub, UGIH），且於 COP26 舉行了系列活動，讓各國政府、產業、學術界與 NGO 交換訊息，並營造合作的機會。UGIH 希望連結全球創新領域，並在過程中實踐聯合國永續發展目標（SDGs），亦即連結人們的真實核心需求，譬如食物、住處、運輸等。在其網站中，特別說明了，UGIH 認為氣候變遷的創新解決方案與傳統方案的差異相當明顯。傳統方案的特性為差別性（incremental）、以部門為

基礎（sector-based）、 以問題為導向（problem-oriented），用白話來說，就是思索現實問題的解決，在現有的框架上，考慮相關部門的特性與條件，希望能夠得到有差別的進步。然而，創新解決方案則具有翻轉的（transformative）、以需求為基礎（need-based）、以解決方案為導向（solution-oriented）的特質，也就是跨越既定的框架，考量需要解決的真實需求，提出可以解決該需求的方案。該中心認為參與合作的對象包括各級政府、都市規劃者、數位產業、各類企業、推動者（enablers）、育成中心（incubators）、加速器（accelerators）、科學家與研究者等 [5]。

UIGH 以運輸的創新思維為例，說明傳統的解決問題的想法與重新構思（reimaging）之後，從問題導向方法（problem-oriented approach）翻轉為解決方案導向方法（solution-oriented approach）。於是，慣性思考發展出的前者致力於汽車的創新，使其燃料效率提高，或電動化。然而，若回歸到車輛存在對人類的功能：「移動」（mobility）而言，人們需要的服務是移動，而非汽車。只要能夠達到移動的目的，不見得需要擁有車輛，而運具除了傳統的運輸功能之外，還可以連結城市中各種人與物品，並且連結網路的購物、休閒、金融等多樣化的功能。這樣的創新思維衍生的商業模式，可以整合多種需求，營造多面向的解決方案（圖 3-2-10）。

● 商業模式納入永續發展的三基線

若以一傳統的商業模式的考量，並且納入永續發展的三基線（triple bottom line, TBL）：經濟、環境、社會的綜合考量，可以繪製出如圖 3-2-11 的概念圖 [6]。若以「減碳」為例，「誰」是減碳的主體，譬如是一個大水泥製造商；「什麼」是商業模式的機制，譬如藉由原料與製程的改造，使得生產單位重量水泥的碳排放可以降為原來的 1/3；「如何」則是技術細節，譬如在製程中添加特定

解決問題 vs. 重新想像
移動性與途徑的案例

做出更好的車

高排放
汽車產業生產低效率內燃機車輛

低排放
汽車產業生產低效率內燃機車輛

低排放
汽車產業生產高效率內燃機車輛

低排放
汽車產業生產電動化車輛

以問題為導向的方法　　降低自己的排放量

有限的排放減量潛力/有限的創新空間

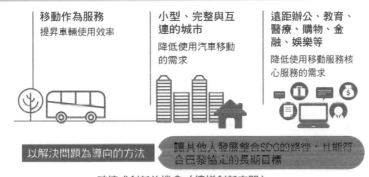

重新思考我們如何到處逛逛和取得我們需要的東西

移動作為服務
提昇車輛使用效率

小型、完整與互連的城市
降低使用汽車移動的需求

遠距辦公、教育、醫療、購物、金融、娛樂等
降低使用移動服務核心服務的需求

以解決問題為導向的方法　　讓其他人發展整合SDG的路徑，且能符合巴黎協定的長期目標

破壞式創新的機會（擴增創新空間）

圖 3-2-10　從問題導向翻轉為解決方案導向的氣候創新運輸商業模式
資料來源：[5]

的催化劑，並且新裝置碳捕捉設備，並且純化為食品等級的二氧化碳，可供製作氣泡水的用途；「價值」可以從 E、S、G 等各方面切入，說明這個商業模式的環境效益、社會影響力與商業收益等，「價值主張」、「價值鏈」、「營利模式」等則為表達的方式。

商業模式九宮格（business model canvas, BMC）與「權益相關者地圖」（stakeholders mapping）等工具可用以將該圖的要素重新整理一次，進一步評量該商業模式對於各權益相關者的價值何在。如此，一個以技術層面而言的製程改造、以 CSR 部門而言的「節能減碳」作為、以財務部門而言的碳權取得、以地方政府或在地社群而言的綜合解決方案等，皆可以有更全面的鋪陳，讓這個商業模式的技術可行性與經濟可行性可以確認，並且成為一種社會創新（social innovation）。

當然，既然是社會創新，就必須確保社會正義。在所有的破壞式創新的過程中，原來的商業模式的企業經營者與工作者已經在既有的體系中發展許久，面臨到轉型、升級或被淘汰的挑戰，而商業模式的設計若同時考量氣候創新與永續發展，「公正轉型」（just transition）就需要列入考量，需運用政府與企業的力量，在透明公開的前提下，讓業者與勞工加入轉型的討論 [7]。化石燃料產業與大量依賴化石燃料的相關產業，將是氣候創新、能源轉型的不可逆浪潮下遭受最直接衝擊者，必須受到廣泛的關注。

因應氣候變遷的創新攸關企業的未來

氣候變遷進入緊急狀態，氣候創新的浪潮來勢洶洶，無法阻擋。從工業革命以來，綠色革命、數位革命、工業 4.0 各個不同階段的衝擊歷程來看，若不成功轉型，超過一半以上的企業在新時代中即難以維持榮景，甚至無法存活 [8]。

從大趨勢與個別企業的角度來看固然如此，但從氣候創新的真實目標。「降低碳排放」的角度來看，我們卻得顧慮「傑文斯悖論」（Jevons paradox）是否發生？也就是說，創新的商業模式讓人們的個別消費活動產生的碳排放降低，卻衍生了消費量的增加，促成

了系統整體排放量不減反升。也就是說，除了消費心理與科技發展之外，低碳導向的傳播與教育仍然是氣候創新商業模式必須搭配的要素。

3-2-5 技術驅動創新

氣候變遷是危機，同時也是創新技術的商機，越來越多創新技術為因應各類型氣候變遷問題而開發。下面將介紹應對氣候變遷的各類型創新技術，包含資訊、生質、能源等。

人工智慧的廣泛用途

人工智慧（Artificial Intelligence, AI）基本上運用大量的數據與機器學習演算法，從經驗中學習而形成運算與預測模式，以對任務進行預測。因此，只要問題定義清楚，人工智慧可以運用在任何領域。由於氣候預測基本上是基於模型的模擬與優化，相當適合引入AI，透過大數據運算，提升預測效果。奠基於 2011 年創立的學科「氣候資訊學」（climate informatics）上，AI 也建立了更好的氣候預測模式。藉由快速分析天氣預報系統獲得的數據（包含降水預報、颱風風雨預報及環境監測等資訊的數據），得以藉由機器學習的模組創建、發展出未來氣候模擬器，包含淹水預警、抽水調度等智慧技術，由此可建立防災決策的支援平台 [1][2]。

除了預測氣候或天氣的功能之外，AI 還能夠監測或預測個人或產品碳足跡、監測土地變化、預測氣候災害，甚至可以提出氣候友善的方案 [3]。自從 2022 年生成式 AI 聊天機器人 ChatGPT 受到大眾關注以來，AI 根據全球資料提出解決方案的能力也在持續提升中。倡議 AI 的正面功能的組織 AI for Good 提出七種 AI 協助因應氣候變遷的代表性實務，包括綠色冷卻技術與減少電子廢棄物、預

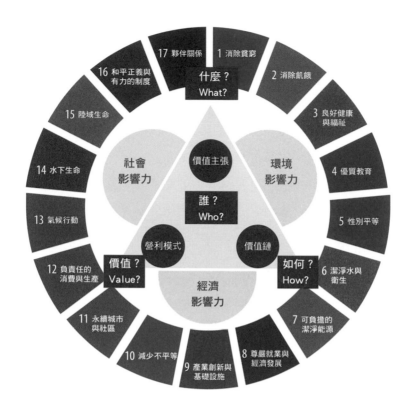

圖 3-2-11　結合商業模式的要素與永續發展三基線與各永續發展目標的
　　　　　示意圖

資料來源：參考修改自 [6]

防塑膠污染、綠色數位農業、預防野火、智慧與永續城市、運用衛
星影像預測濫伐森林、提升能源效率等 [4]。

　　為了將節能減碳更落實於日常生活中，Google 預計未來在旗下
產品中添加新功能，像是使用 AI 技術優化紅綠燈等路線，使交
通更暢行無阻以減少車輛的耗油耗電。AI 優化交通的實驗已經在
以色列執行過，用於預測路況及改善交通號誌的變換時機。根據

實驗結果，當地人的耗油量和阻塞在路口的時間因此減少了 10 ～ 20%，未來此研究也預計擴展到巴西里約等城市 [5]。

AI 的技術事實上也同時應用在氣候金融，提升氣候金融的績效或獲得氣候融資的機會。爭議性頗高的地球工程也使用 AI，以提升短期與長期績效預估。生成式 AI 正快速改變人類生活，AI 在氣候變遷的各種面向的應用必然也將有爆發式的成長。

不斷進化的生質燃料

近年來隨著化石燃料帶來的溫室效應與氣候變遷等問題，科學家把未來能源與工業原料的希望，寄託在可持續生長的生物質（biomass）上。各國依其農業特色各自發展生質燃料，例如巴西的甘蔗酒精、美國的玉米酒精等，兩國的生質酒精就占全球總產能的 85% 左右。歐洲則以油菜籽的生質柴油為主，約占全球總產能 50% 左右。印尼、馬來西亞、菲律賓則發展以棕櫚油、椰子油為主的生質柴油。然而此類型由「糧食作物」為主的生質燃料，不僅會造成糧食危機，甚至可能因過度開發對環境造成更嚴重的污染與碳排放 [6]。

為了讓有限資源發揮最大的效用，科學家將研究方針從「第一代生質燃料」轉變為更符合永續原則的「非糧食作物的第二代生質燃料」，原料包括稻稈、麥稈、玉米梗、甘蔗渣、廢木屑等。第二代的生質燃料將由生命周期的角度評估植物成長到應用不同階段所需的資源，包括總碳排放及二氧化碳減量、能源產出投入比、用水量、土地利用率、單位面積生產量等。主流技術是先把纖維素分解為醣類再進一步發酵成纖維酒精。而非食用的油脂作物仍是轉化成生質柴油。像是近年來，將玉米稈、稻稈、樹木等為原料的木質纖維素轉化為醣類再發酵產生醇類、生物產氫及甲烷氣等技術，逐漸

受到各國重視並積極發展。其所產生的生質醇類（生質酒精、生質丁醇）不僅得以替代化石汽油。由醣類轉化而成的氫與甲烷氣也能成為嶄新的替代能源[7]。

第三代的生質能源則以藻類為核心，藻類由醣類、脂質、蛋白質與纖維素組成，其中所含有的醣類、纖維素皆可轉化為酒精，脂質也可製成生質柴油。藻類的優勢是繁殖速率快，相較於陸生植物需要的土地面積較小且容易養殖。此外，微藻的含碳量超過 50%，代表微藻生長時可以吸收大量的二氧化碳，具有強大的固碳能力。部分微藻的油脂含量達 50% 以上，單位面積的油脂產量是大豆的180 倍以上。儘管藻類生質燃料因技術上的限制，因此目前成本較高，又有基改藻類混入生態系統的問題。但微藻仍被視為下一世代的生質燃料發展與方向之一[7]。

目前生質能的應用已是僅次於石油、煤、天然氣的第 4 大能源，供應全球約 10% 初級能源的需求，是如今使用最廣泛的再生能源之一。在現今化石燃料轉型的時代尾端，生質燃料也將成為永續能源與工業原料的新選項。

「氫經濟」時代的未來

氫氣（H_2）由二個氫原子組成，可燃燒，且與碳無關，燃燒後僅產生水蒸氣。因此，氫燃料作為一種無碳能源，在零碳或低碳的能源願景中扮演重要角色。本世紀開始後，氫能的相關研究開啟了「氫經濟（ Hydrogen Economy ）的時代」，包括開發利用、基礎設施、系統建構等。氫氣作為一個能源載體，由其他的物質（水、生質作物、化石燃料等）經由電解或化學反應生成。例如，透過去碳燃氫技術將甲烷裂解為氫氣及固態碳，厭氧生物反應也可產生氫氣。氫氣可以透過最直接的燃燒產生熱能，可以直接利用，或透過

發電機轉換為電能。此外，氫氣也可以透過電化學轉換產生電能，成為氫燃料電池[8]。

氫氣本身並不會穩定地存在自然界，獲得氫氣的原料與過程仍會產生碳排放。因此，氫能源並非「零碳」能源。不同程序的碳排放不同，也影響氫能源的減碳效果。為方便標記不同的來源，業界常以顏色區分氫氣。最主要的幾種為綠氫、灰氫、藍氫。除此之外，還包括黑氫、褐氫、粉紅氫、綠寶石氫、黃氫、紅氫、白氫等等[9][10][11]。

綠氫（green hydrogen）是最低碳環保的氫氣，指的是透過再生能源電力電解水而產生的氫氣，排碳量低，但成本高。灰氫（grey hydrogen）指的是透過水蒸氣甲烷（天然氣）重組（steam methane reforming）與煤的氣化（coal gasification）產生的氫氣；目前占了全球 80 ～ 85% 的產量，二種製程的碳排放係數分別為 8 ～ 10 kg CO_2/kg H_2 與 14 ～ 15 kg CO_2/kg H_2[12]。在某些情境下，若使用褐煤氣化產生的氫氣也稱為褐氫，使用煙煤氣化產生者稱為黑氫。若上述灰氫產生的二氧化碳以碳捕捉技術回收，則可將產生的氫氣稱為藍氫（blue hydrogen），碳排放係數覛碳捕捉量與其本身的碳排放而定[10]（圖 3-2-12）。

其他幾類產量低的氫氣包括：生質物產生的紅氫、核能發電產生的粉紅氫、太陽能發電產生的黃氫、地層中蒐集的稱為白氫。最後一類比較特別的是「綠寶石氫」（turquoise hydrogen），由甲烷裂解後，成為氫氣與固體碳（$CH_4 \rightarrow 2H_2 + C$）[10]。若使用再生能源，並將產生的固體碳封存，則可以視為幾乎零碳的氫氣。

氫燃料亦可與其他燃料混合為新的燃料系統，一般包括以下三種：1. 氫與天然氣（或甲烷）、2. 氫與基本參考燃料（如丁烷、

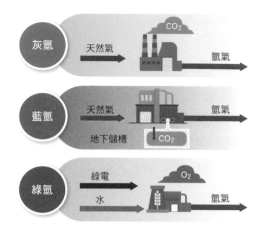

圖 3-2-12　產量最大的三種氫氣

庚烷）、3. 含氫之合成氣體（ Syngas ），其中最受關注的是氫氣，即天然氣混合燃料[8]。美國工業大廠奇異（GE）認為天然氣－氫氣混合機組與「藍氫」將是良好的能源轉型過渡選項。從技術來看，GE 表示若是以新型 HA 燃（天然）氣渦輪機取代傳統的火力發電廠，可以降低 60% 碳排，氫能－天然氣為燃料的 HA 燃氣機組更能減少 70 ～ 80% 碳排放[13]。

　　目前歐洲也有許多新型電廠，能結合天然氣與氫氣混合使用，氫能在歐盟 2050 年能源結構占比將達 13 至 20%。瑞典的煉鋼廠在2022 年成功使用綠氫與鐵礦（氧化鐵）反應為鐵與水蒸氣的技術，達成不使用化石燃料（焦炭）煉鋼的目標；這是氫氣在其他製程中的新應用案例[14]。氫能仍有著經濟效益與轉換效率待提升的挑戰，且運輸壓縮的成本也會降低其市場競爭力。儘管如此，氫能整合多種技術且應用範圍廣泛的特性，仍讓其成為極具潛力與發展空間的新能源。

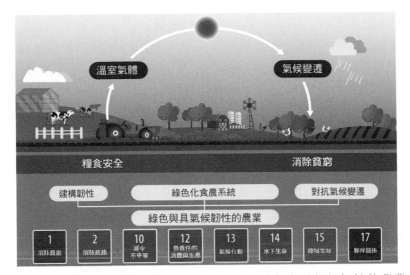

圖 3-2-13　聯合國糧農組織（FAO）主張的綠色與具氣候韌性的農業
資料來源：[1]

3-2-6 食物與氣候息息相關

　　聯合國糧農組織於 2021 年出版了《綠色與具氣候韌性的農業》（Green and Climate Resilient Agriculture）手冊，說明氣候系統與食農系統之間的交互影響。如圖 3-2-13 所示，農業活動本身產生溫室氣體排放，造成氣候變遷，進而影響了糧食安全，且衍生貧窮問題。FAO 主張的「綠色與具氣候韌性的農業」包括幾個兼具減緩與調適概念的要素：降低溫室氣體排放量以對抗氣候變遷、綠色化食農系統、建構韌性 [1]。

食農與氣候系統交互影響

　　氣候變遷導致許多極端天氣事件發生，影響了全球的糧食系統，玉米、小麥和水稻等主要基礎糧食的產量與品質下降。玉米為全球最關鍵的糧食之一，產量影響諸多加工食品價格，也會引發以玉米為主食地區的糧食危機；小麥雖因暖化種植面積增加，然因生產週期變短而影響品質 [2]。

除了氣候變遷，疫情與戰爭都加劇糧食危機。2022 年全球糧食危機報告指出，2021 年已有將近 2 億人面臨嚴重糧食危機，包括 53 個國家或地區，如馬達加斯加南部、南蘇丹等地 [3]。2022 年在 COP27 上，氣候會議難得將糧食危機設定為大會焦點之一，反映氣候、疫情、戰爭對糧食穩定性的協同影響。FAO 於 COP27 設置一個食農展示館，強調糧食系統的轉型是解決氣候危機的關鍵，並展示諸多糧農知識與創新解決方案 [4][5]，如同圖 3-2-13 的意涵。

糧食系統排放量舉足輕重

2019 年 IPCC 發布的《氣候變遷與土地特別報告》中預估糧食系統占人類溫室氣體排放的總量約 21 ～ 37%[7]，2021 年《自然食物》期刊發表的研究報告顯示，考量農業、土地使用與改變等因素，全球糧食體系排放的溫室氣體，占全球總排放量的三分之一以上 [8]，而溫室氣體與食物之間最直接的相關性就是碳足跡（carbon footprint）。食物的碳足跡指的是食物的生命週期，從原料到生產製程到運輸、銷售流程等過程中所產生的溫室氣體排放量。

由圖 3-2-14 可見，不同食物所產生的溫室氣體排放量有巨大的差異，生產 1 公斤的牛會排放 60 公斤的溫室氣體，相較之下，生產 1 公斤的堅果僅排放 0.2 公斤的溫室氣體 [9]。

整體而言，動物性食品的排放量遠高於植物性食品。而大多數食品的溫室氣體排放來自土地利用變化（綠色）以及農、牧場階段（棕色），棕色階段包括施肥、腸道發酵（在牛等反芻動物的胃中產生甲烷）等過程，此兩階段排放的溫室氣體占 80% 以上。吃不同的食物，代表的碳足跡差異甚大 [10]。

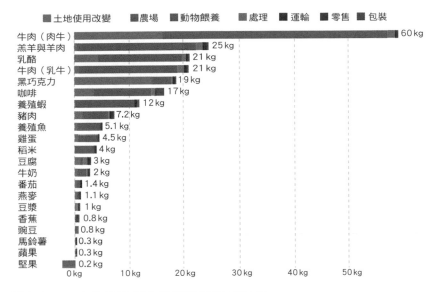

圖 3-2-14　食物供應鏈中的溫室氣體排放量

資料來源：[9]

　　大部分的植物性食品屬於低碳排食物，比如水果、蔬菜、堅果，每公斤排碳 0.2 公斤至 4 公斤，相較於動物性食品減少 10 倍至 50 倍的排碳量，是減少碳足跡的好選擇。然而，並非所有植物性食品都是低碳排食物，例如每公斤咖啡和巧克力分別產生 17 公斤和 19 公斤的碳排放，因為咖啡在種植過程所使用的肥料會產生氧化亞氮（N_2O）這類全球暖化潛勢（GWP）很高的溫室氣體；巧克力則是因面積熱帶雨林被開墾為種植可可豆的農地，所以在土地使用改變上所產生的碳排放量非常多[11]。當然，若就養生的觀點來看，植物性食物也更健康，具有環境友善與健康友善的共效益[12]。

餐桌上的多元方案

聯合國糧食及農業組織（FAO）與世界衛生組織（WHO）2019
年出版的《永續健康飲食指導原則》中提到，永續飲食不僅考量糧
食對環境與健康的影響，也需要兼顧社會文化以及經濟才能達到永
續發展[13]。且永續飲食也不僅指食材本身，亦包含食物生產流程、
運送過程、包材運用等，從生產端到消費端都需要配合才得以達
成。

許多企業與國際組織亦因著永續飲食的趨勢而推出不同方案，如
聯合利華推出永續食材、在揀選食材時也以永續採購為主，如採購
具有永續認證的棕櫚油、以保護生態耕作方法種植的茶葉等[14]；
IKEA 則在以科學為基礎的目標（SBTi）之倡議中承諾至 2022
年，會將其商店的植物性商品數量從 2019 年的 14% 增加到 20%。
IKEA 也計畫 2020 年將其商店的食物減少一半；而德國新創公司
Whapow 則是提供由微藻類和燕麥奶製成的奶昔，微藻類是一種對
氣候有益的食物，能夠避免森林砍伐、水汙染及施肥所造成的土壤
汙染，同時吸收空氣中的二氧化碳[15]。

聯合國糧食及農業組織（FAO）也提出「食用昆蟲」的永續飲食
方案，蚱蜢、蟋蟀等昆蟲富含蛋白質，且含有比牛肉多的礦物質，
如鐵、鋅、銅和鎂。並且，和傳統牲畜如雞、豬、牛相比，飼養昆
蟲所需要的土地、水和飼料更少，昆蟲養殖和加工可顯著降低溫室
氣體排放量[16]。

世界自然基金會（World Wildlife Fund for Nature, WWF）則出
版了《肉類指南》，考量氣候、生物多樣性、化學農藥、抗生素使
用、動物福利五個面向的永續程度進行紅綠燈分類，將不同來源的
蛋白質分類至紅、黃、綠三類中，對地球造成很大的危害，應避免

食用為紅燈；對環境或動物福利具風險性，應少吃為黃燈；建議優先選擇的食品為綠燈。讓消費者透過手冊選擇對環境與動物較友善的肉品[17]。

永續飲食拯救氣候

圖 3-2-13 中提到的「綠色化食農系統」已經成為世界各地廣為實施的具體作為。譬如，農民發展許多環境友善的有機農法以對抗氣候變遷，以儘量不使用化學肥料的方式，來恢復土壤的健康、提高農作物的韌性，也降低農作物的碳排放。和過去慣行的農法相較之下，能減少氮肥的使用，提升固碳比率。除了有機農法之外，免耕犁、多種覆蓋作物、輪作、堆肥等農法，都增加土壤的碳封存，藉此來因應氣候變遷[18][19]。此外，結合資訊科技或 AI 的智慧農法更能進一步提升農業生產的效率，降低碳排放。

食物是基本的需求，也代表全球四分之一到三分之一的碳排放。運用技術與妥善管理措施，改善食農系統，同時減少對氣候系統的壓力，也維護糧食安全，考驗著我們的智慧。

3-2-7 值得參考的企業作為

在氣候緊急狀態下，企業已被各界期待為「氣候解方的提供者」，而非被動或消極地因應各種新的倡議或要求。企業的積極作為成為競爭力的來源，「合規」僅是基本條件，不值得額外討論。當然，不同的企業因其特性與在產業生態系中的位階，規劃的氣候策略地圖與作為方式不盡相同，也可能有不同角度的評價，甚至批評，但都值得我們參考與探究。以下為幾個不同類別的國際與我國企業因應氣候變遷的案例討論。

圖 3-2-15　前臺灣科教館館長
　　　　　朱楠賢端著生菜蜜蜂
　　　　　酥，推廣吃蟲（中央
　　　　　社提供）

阿斯利康（AZ）──高碳排行業的轉型思考

在新冠病毒疫情中，身處臺灣的人們亟需有效的疫苗提升自己與群體的防護力。大家應該都印象深刻，許多臺灣人所接種的第一劑 WHO 認證的疫苗就是當時由日本捐贈的 AZ 疫苗，於 2021 年 3 月抵達臺灣。該疫苗由英國與瑞典合資公司阿斯利康（AstraZeneca）生產，是一種含有 SARS-CoV-2 病毒棘蛋白（S protein）基因之非複製型腺病毒載體之疫苗，在各種疫苗中，屬於技術較為傳統，但成本相對低廉的疫苗。

我們可能比較沒有注意的是，阿斯利康這樣的製藥業是一種高碳排行業。根據《清淨生產期刊》2019 年的研究發現，製藥業的碳強度比汽車業還要高出 55%[1]，主要原因包括嚴格的溫度與濕度控制、小批次的生產特性、供應鏈對於低溫的需求、生產過程排放的

高 GWP 溫室氣體等。阿斯利康近年針對碳排放做出了相當全面的布局,並且具體實施。

在 2020 年 1 月,阿斯利康宣布十億美元的「零碳雄心」(Ambition Zero Carbon)計畫[2],承諾到 2026 年實現全球營運(範疇 1 與範疇 2)的 98% 減排(以 2015 年為基準年),且到 2030 年減少價值鏈(包括範疇 3)50% 的絕對排放減量,到了 2045 年減少價值鏈相對於 2019 基準的 90% 排放量。

阿斯利康公布的排放足跡清單(如圖 3-2-16)反映了上述的高碳行業的特徵[3]。其 3% 的排放來自於業務營運排放的溫室氣體,包括直接的燃料燃燒(54.5%)、含氟溶劑(19.2%)、車隊(17%)、買入的暖氣(9.2%)和買入的電(0.14%);97% 來自於其價值鏈(範疇 3),包括 73.9% 的採購的商品和服務(上游),12.5% 的售出商品使用(吸入器),6.3% 其他,4.8% 的下游產業鏈運輸和分銷,1% 的商務旅行,0.9% 的賣出產品的最終處置,和 0.5% 的員工通勤排放。

根據這排放清單,阿斯利康承諾採用 100% 電動車車隊和 100% 可再生能源發電和暖氣之外,將範疇 1 與 2 的減量重點放在開發「新一代吸入器」計畫上,取代現在使用的超高 GWP 含氟氣體推進劑,要降低 90 ~ 99% 的排放量。阿斯利康擬定《對第三方的全球標準期望》,在要求供應商減量的同時,也提供協助與建議,建立框架與指南以評估績效,並提供獎勵[4]。

這些措施預計減去幾乎所有的範疇 1 與 2 的排放和 86.4% 的範疇 3 排放。最後的碳抵換策略則採用以自然為本的解方(NbS),於 5 年內種植 5,000 萬棵樹,取得碳匯後抵換。

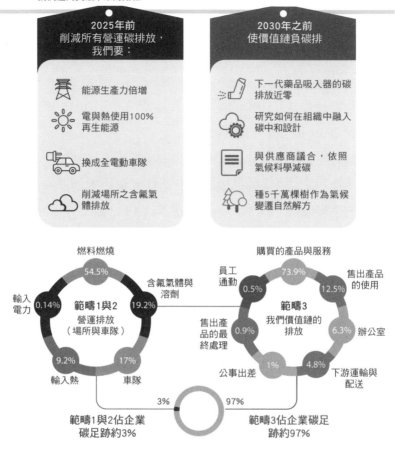

進取的的零碳目標
我們邁向負碳未來的路程

2025年前
削減所有營運碳排放，
我們要：

- 能源生產力倍增
- 電與熱使用100%再生能源
- 換成全電動車隊
- 削減場所之含氟氣體排放

2030年之前
使價值鏈負碳排

- 下一代藥品吸入器的碳排放近零
- 研究如何在組織中融入碳中和設計
- 與供應商議合，依照氣候科學減碳
- 種5千萬棵樹作為氣候變遷自然解方

燃料燃燒
54.5%

含氟氣體與溶劑
19.2%

輸入電力
0.14%

範疇1與2
營運排放
（場所與車隊）

輸入熱
9.2%

車隊
17%

購買的產品與服務
73.9%

員工通勤
0.5%

售出產品的使用
12.5%

範疇3
我們價值鏈的排放

售出產品的最終處理
0.9%

辦公室
6.3%

公事出差
1%

下游運輸與配送
4.8%

範疇1與2佔企業碳足跡約3%
3%

範疇3佔企業碳足跡約97%
97%

圖 3-2-16　阿斯利康的碳足跡構成
資料來源：[3]

　　也就在 2020 年開始，疫苗的研發、生產與配送使得原來的減碳計畫打了折扣。雖然 2021 年阿斯利康已經採用 89% 的再生能源電力，但碳排放量仍高於 2020 年 [5]。現在疫情已經告一段落，未來幾年阿斯利康得加強力道協助供應鏈儘速脫碳。

匯豐銀行——金融業的淨零挑戰

氣候危機正在改變金融行業的遊戲規則，而淨零革命的成功也需要整個金融體系結構性的響應 [6]。傳統上，銀行業常常透過貸款服務為高碳產業提供資金，並透過投資獲利，這屬於銀行業「融資排放」（financial emission）的範疇 1 與範疇 2。但是，其融資對象產生的高碳排放為金融業帶來極高的範疇 3 排放量，需負擔連帶責任。銀行為了達到整體排放的淨零，就需要出脫這些高碳資產，或激勵其投資對象完成低碳轉型，讓其資金流動合乎氣候安全的需要。

以滙豐銀行（HSBC）為例，其宣布的淨零目標包含兩大項：一個是「營運淨零」，致力於在 2030 年之前實現營運與供應鏈的淨零排放 [7]；而另一個是「融資淨零」，於 2022 年宣布其目標為在 2030 年之前減少其石油和天然氣客戶資產負債表內 34% 的融資排放量，要求其客戶在期限內制定脫碳計畫，且投資組合的評估會涵蓋對方範疇 1、2、3 的排放量。

該銀行主要的融資淨零策略為：與政府、銀行和其他全球機構合作，以確保其投資能夠迅速流向真正永續的計畫。譬如 HSBC 與其客戶 FAS Energy 合作，透過太陽能發電廠推動埃及邁向綠色經濟轉型 [8]。

然而，環保團體認為匯豐銀行的方案存在漏洞，例如，僅考慮資產負債表內的排放，而不考慮債券和股票配售等資本市場活動，且其政策仍允許繼續為石油和天然氣項目提供資金 [9]。從這個案例可以看到，當金融機構考慮自身業務與淨零目標的關係時，一個重要的環節是將其投資對象的排放與其自身融資排放掛鉤，只有以這種方式考慮金融機構的碳足跡才是有意義的。

2020 年 11 月，碳核算金融聯盟（Partnership for Carbon Accounting and Financials，簡稱 PCAF）發布《金融業全球溫室氣體盤查和報告準則》，作為度量金融機構融資行為應分擔的客戶碳排放量的依據。到 2022 年 9 月，全球共有總計 80 兆美元資產價值的 309 家金融機構導入 PCAF 方法學 [10]。

蘋果公司——創新科技為淨零加速

蘋果公司將氣候行動視為「創新潛力、就業機會、和持久性的經濟成長新時代的基礎」[11]，於 2020 年提出 2030 年減少 75% 的碳排放，並抵銷剩餘 25% 的排放，進而實現碳中和，包括其供應鏈、製造過程和產品的生命週期的碳中和。

蘋果針對其供應商有嚴謹的要求，公布了 108 頁的《供應商行為準則》，要求每年更新並回報溫室氣體排放清單，以及每年更新減碳計畫與訂定減碳目標。若不符合準則，則會進行處分，若持續違反準則的話，最嚴重將終止與蘋果的合作關係 [12]。

根據蘋果發布的《2023 年環境進度報告》[13]，蘋果公司 99% 的總排放來自於其價值鏈，且已承諾在 2030 年達到價值鏈的淨零排放。產品製造過程占據了排放量的 71%，產品使用占 19%，產品運輸占 8%。而蘋果達到淨零的路徑包括以下重要措施：

1. 低碳產品設計：提高產品的製造效率及使用可回收的鋁材料及再生鋼材。

2. 能源效率提升：改善現有建築的營運設施，並提高供應鏈的能源效率。

3. 潔淨能源：營運場所使用 100% 的再生能源、要求供應商轉換成再生電力，截至 2023 年 3 月，已有超過 250 家承諾使用再生電力生產。

4. 直接減排：改善鋁製程、優化生產過程以減少含氟化溫室氣體排放、建立海洋供應鏈減少空運碳排、激勵員工使用電動車通勤等。

5. 碳移除：投資自然為本的解方、實施森林管理計畫等。

此外，蘋果公司也與世界各地的夥伴與社區合作，發展兼顧共融原則的創新環境解決方案，譬如[14]：

1. 在拉丁美洲與保護國際基金會合作，支持非裔美洲氣候變遷論壇，為非裔人口提升因應氣候變遷的觀點與經驗。

2. 與國際的環保組織合作，支持中國大陸、哥倫比亞和印度的藍碳計畫，進行紅樹林保育。

3. 在美國與 Beyond Benign 合作，在國內少數族裔服務的機構引進綠色化學與永續科學的計畫，拓展少數族裔永續科學家的人才庫。

蘋果對供應商實施嚴格的要求，同時也憑藉其影響力為供應商提供一些協助，例如：分享清潔能源項目投資經驗、協助對清潔能源項目進行審查、投資供應商當地的清潔能源項目、提供轉型規劃和諮詢服務等。蘋果是一個受到高度期待的企業，動見觀瞻，類似的策略與作為可成為諸多大型品牌商的參考。

歐萊德——臺灣中小企業的永續之道

歐萊德是一家臺灣本土企業，生產為皮膚與頭髮潔淨與保養的相關產品。該公司位於桃園的綠建築總部為臺灣第一家由經濟部工業局頒發綠色工廠的化妝品工廠，製程廢水通過三大水資源循環系統處理後澆灌園區。歐萊德是臺灣第一家由第三方機構 SGS 認證達成完全「組織碳中和」的企業，範疇涵蓋全產品生命週期，為全球

美妝產業首例，同時它也達成了其 77 項產品的生命週期的碳中和。該公司於 2022 年底提前達成 RE100 的 100% 綠電目標，為全臺灣第一家達成承諾的企業。在其 2021 公開發行的《企業永續報告》[15] 中，歐萊德公開了從產品生命週期分析中降低碳足跡的方法（如表 3-2-2），譬如將公務車改為電動車、使用綠色電力進行生產、實施運程減碳計畫、使用回收再製的塑膠的包裝、使用水資源循環再生系統、建構包裝逆物流的模組等。其中因產品包裝升級，使得原物料使用減少了約 123 公噸的碳排放量。

歐萊德於 2021 年一共排放約 18,672 噸 CO_2-e，包括類別一（公司營運），類別二（供電），類別三（運輸），類別四（企業採購的用品）和類別五（消費端產品使用），各約 78 噸、233 噸、232 噸、816 噸、17,312 噸。類別一與類別二即為 GHG Protocol 的範疇 1 與範疇 2，排放量合計僅占了總排放量的 1.66%，主要的排放量皆來自於範疇 3，且其中類別五的「產品使用階段產生之排放或移除」排放量就占了總排放量的 92.6%，代表其產品的特性，在使用階段產生的碳排放是日後著力的重點。經 KPMG 簽證通過後，歐萊德創造了全國將碳權登列作為企業資產的首例。

2022 年，歐萊德董事長葛望平組成一個隊伍，遠赴格陵蘭，拍攝紀錄片「解凍格陵蘭」，現場紀錄了氣候變遷為當地帶來的環境與生活的變化，也訪談了當地的科學家與居民，現場直擊令人訝異的變化 [16]。該紀錄片也在數百所學校、機構與企業放映，成為一部非常具有意義的氣候變遷與環境教育影片，也作為該企業的關鍵永續作為，讓更多人對氣候變遷有更深入的認識。圖 3-2-17 為該紀錄片的一個影像，可以看到格陵蘭的冰融狀況，而在過去就算是夏季，山上仍有明顯的積雪。

表 3-2-2　歐萊德產品生命週期內的各階段碳盤查的減碳作為

類別 （ISO 14064-1）	範疇 （GHG Protocol）	主要內容
類別一	範疇 1	・公務車改換電動車，減少燃料使用
類別二	範疇 2	・使用太陽能與風能產生的綠電生產 ・使用冷卻水節能裝置節電 ・鼓勵業者整合設備形成熱交換系統，減少耗電量
類別三	範疇 3	・扶植在地有機農業，減少運輸過程碳排放 ・鼓勵廠商集中訂購，提高免費訂購的最低標準
類別四	範疇 3	・擴大採購無毒安全有機原料，促使有機農耕發展 ・採用回收再製包裝，減少石油原料使用 ・以空氣環保緩衝氣泡取代保麗龍 ・使用水資源循環再生利用系統
類別五	範疇 3	・易沖洗的洗髮精減少熱水使用 ・建構空瓶外箱、成品外箱、產品空瓶等回收循環系統 ・從源頭建立採購標準，減少廢棄物處理階段碳排

資料來源：整理自 [15]

圖 3-2-17　「解凍格陵蘭」紀錄片中的場景，格陵蘭冰雪融化狀況明
　　　　　顯（歐萊德國際股份有限公司提供）

資料來源：[16]

🌏 **地球暖化 2.0 小百科**

國泰金控：永續策略藍圖加速氣候行動

　　金融機構管理社會大眾的資金，是社會資金的中介者，必須對各產業有充分的研究及足夠的風險管理專業，才能精準投放。大型金融業若能善盡社會責任，將客戶託付的資金導向有利永續發展的投融資，便能產生很大的影響力。

　　許多金融機構自身也是上市櫃公司，因此具備雙重身分：是投資人也是被投資對象。國際投資人除了關心所投資的金融機構自身營運的永續 ESG 表現之外，也越來越重視所投資的金融機構在做投資與融資決策時，是否也同樣重視投融資對象的 ESG 表現。

永續策略藍圖與永續委員會

　　國泰金控於 2011 年即成立 CSR 委員會，目前永續委員隸屬於董事會並由獨立董事督導，每季永續委員會參與運作主管及永續部人

員超過 200 位。除了由金控帶領子公司統籌永續策略藍圖之外，集團主要子公司也大都有獨立永續團隊專責永續策略規劃，多家公司並各自於 2023 年也發行企業永續報告書。

2022 年國泰金控永續發展聚焦三主軸「氣候、健康、培力」，繼而開展為六個發展構面，兼顧內外、完整回應利害關係人關注焦點，設定清楚策略藍圖、指標與目標後，由董總與高階主管親自帶領專案執行。

永續全方位：公司治理、社會參與、責任投資、氣候行動

國泰金控為台灣公司治理評鑑 Top 5% 企業，於職場培力方面透過多元工作彈性鼓勵員工兼顧職涯與幸福，獲 2023 親子天下友善家庭職場獎，而社會培力專案則包括青年與女性培力、影響力投資校園巡迴、高中財經素養教育等，加上環境與氣候行動屢受國際肯定，於 2023 年 TWSIA 機構影響力獎（Taiwan Sustainable Investment Awards）唯一於各獎項皆獲獎之金融集團。

國泰金控責任投融資源自於 2014 年被投資人督促 ESG 表現經驗中見賢思齊，成立集團責任投資小組將投融資對象 ESG 表現、氣候變遷因應與爭議性議題納入投融資決策過程，並於 2016 年加入 Asia Investor Group on Climate Change （AIGCC）國際投資人氣候倡議，2022 年集團低碳投融資已達新臺幣 3,000 億元，加計投入資金於基礎建設、水資源、微型金融等，永續金融總額已超過新臺幣 1 兆元。

投融資為金融業範疇 3 排碳主要來源，國泰世華銀行為台灣首批承諾不新承作燃煤發電融資的金融業，煤炭全產業鏈授信餘額於 2027 年第一季底歸零；國泰人壽已設定 2040 年不新增投資 5% 營收以上來自未積極轉型的燃煤電業及其他煤炭產業鏈；國泰金控參考國際標準訂定低碳投資策略，將資金配置到再生能源等低碳領域，並設定投融資金額成長目標，國泰人壽也是國內首家成立太陽能電廠子公司的壽險業者。

國泰金控 2022 年成為首家加入 RE100 之台灣金融業，並承諾 2050 年營運及金融資產皆達成淨零碳排，是亞洲第六家通過科學基礎減碳目標（SBT）審核的金融業。

邀請夥伴共同前行：以「議合」加速投融資對象低碳轉型

國泰金控與子公司自 2017 年起參與國際投資人氣候行動倡議，除了本書各章節重要氣候治理框架 TCFD、SBT 等，也包括 CDP Non-disclosure Campaign、Climate Action 100+、亞洲電廠議合倡議（Asian Utilities Engagement Program）、水資源倡議（Ceres Valuing Water Finance Initiative）等，並於 2022 至 2023 年已加入 TNFD、Business for Nature、Nature Action 100 等自然相關倡議。

過去幾年國泰成功影響台塑企業、鴻海、中鋼、台泥等企業承諾碳中和淨零碳排，也與國際投資人合作成功議合二家亞洲大型電廠業者承諾 2040 年淘汰煤炭資產。國泰金控與國泰人壽於 2022 年及 2023 年連續獲國際倡議「投資人議程」（The Investor Agenda）發布之「投資人氣候行動計畫」（Investor Climate Action Plans，簡稱 ICAPs）列為全球最佳實踐典範案例之一，為亞洲唯一獲選的資產擁有者，也是 TCFD 2022 Status Report 全球典範案例之一。

更多相關資訊，可至國泰金控網頁查詢：

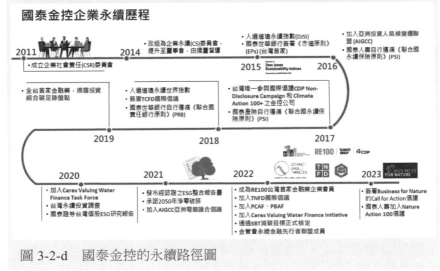

圖 3-2-d　國泰金控的永續路徑圖

第 4 章

人類積極求生：
具備風險管理思維的韌性調適

面對已經暖化的世界，我們別無選擇！
不過，氣候變遷帶來挑戰與風險，同樣也帶來機會。

從國際社會、國家、地方到社區，
都需要為提升我們生存環境的韌性，努力調適並確實執行。

系統化的風險管理是否真能發揮功效，
讓人類保有生存發展的機會，各種條件的配合勢在必行。
舉凡良好的氣候治理、足夠的氣候融資，
以及優質的傳播與教育都是必要的力量。

我們幾乎已經可以大膽假設，未來數十年間，氣候變遷只會越來越嚴重，極端天氣事件的尺度擴大、頻率增加。那麼，我們應該如何面對這狂亂的世界呢？歷史上的氣候變遷改變了朝代，甚至毀滅了文明，這一次將會如何？

氣候變遷帶來挑戰與風險，同樣也帶來機會。以提升生存環境韌性為導向的氣候變遷調適，是從國際社會、國家、地方到社區都需要努力準備的功課與確實執行的計畫。系統化的風險管理若要真能發揮功效，讓我們保有生存發展的機會，仍需要各種條件的配合。良好的氣候治理、足夠的氣候融資，以及優質的傳播與教育都是關鍵的要素。

4-1 別無選擇：面對已經暖化的世界

氣候變遷在地球發展歷史中發生多次，但從五、六千年前的全新世最暖期至今，最明顯的全球氣候變遷在一百多年前的工業革命之後發生，在 150 年間全球均溫上升了 1.1 ～ 1.2°C。這樣的急速升溫與衍生的極端天氣對於自然界的動植物或人類社會而言，都是嚴酷的挑戰。生物與生態具有調適能力，但需要時間；人們依據過去長達三、四千年的當地氣候，建構基礎設施、栽種作物，形成特有的生活方式。人們無法回應過於快速的氣候變遷，因而造成調適的成本與風險極高。

面對效應持續疊加的氣候變遷，人們的調適壓力越來越大。氣候變遷調適與減緩不同，是面對惡化中的氣候的自救策略與作為。聯合國 IPCC 對於氣候變遷賦予探究與討論的框架，讓人們更有共通的架構可以討論。然而，調適涉及政策與生活習慣的改變，常衍生額外時間或金錢成本，除了科學基礎之外，尚需從心理學、傳播學

與公共行政的角度探討。

4-1-1 氣候變遷改寫了我們的未來

21 世紀以來年年幾乎都有全球或特定區域極端天氣的訊息，且高溫破紀錄的新聞已不會讓人驚訝，因為「破紀錄」本身已成為常態。

譬如，在 COVID-19 疫情期間南極與北極破紀錄的高溫不斷[1][2]，但並未引起過多的關注。2020 年是美國大選年，眾所周知當時的美國總統川普向來是一位氣候變遷否定論者，而挑戰者拜登力主美國應該重返全球因應氣候變遷的舞台，但這類議題並沒有成為 2020 年美國總統大選的主軸議題。2021 年初，拜登就任美國總統，隨即宣布美國重返巴黎協定，然根據大氣中溫室氣體濃度決定的氣候變遷並未緩解。2021 年 6 月加拿大溫哥華附近出現了該國的歷史高溫 49.6°C[3]，震驚各界。2022 年則出現，南極與北極同時出現超高溫的罕見極端狀況，出現比過去歷史記錄高了 30 ～ 40°C 的紀錄[4]。

氣候變遷回不去了！

各國際智庫與研究單位過去的長期研究可以說明這些極端狀況的發生原因（圖 4-1-1）。2017 年美國全球變遷研究群（US Global Change Research Group, USGCRC）發行氣候科學特別報告[5]，運用 AR5 的 RCP 情境預估未來的升溫，認為最佳情境也就是將升溫控制在 2°C 左右；2021 年的 AR6 則提出了「最理想」情境 SSP1，期待控制升溫在 1.5°C 以下，且若深度減碳成功，本世紀後期溫度甚至可下降。然而，世界氣象組織（WMO）在 2022 年 5 月即發布了一份新的報告「The Global Annual to Decadal Climate

Update」，明確說明了將有一半的機率全球增溫將在 2022 ～ 2026 年之前達到 1.5°C [6]，且一年後 WMO 表示 5 年之內升溫達到 1.5°C 的機會超過 60%[7]。

溫室氣體長命百歲？

2050 淨零排放已成為眾多國家與企業的目標，然而，大氣中二氧化碳濃度會降低嗎？地表溫度會下降嗎？要回答這個問題，必須考慮二個主要因素，一個與數學有關，另一個與化學有關。

與數學有關的是質量平衡：以地球大氣層的角度而言，現在開始到 2050 年之前，每一年人類排放到大氣層中的溫室氣體的量，大於透過工程手段或自然途徑吸收回地面陸地或水體的量，這代表大氣中的溫室氣體排放量能持續增加。

與化學有關的是溫室氣體在大氣中的「壽命」：濃度最高的二氧化碳在大氣中可以停留 50 到 200 年，平均壽命達到 100 年，甲烷大約 12 年，而氧化亞氮則高達 114 年。人工合成的若干溫室氣體的壽命非常長，譬如六氟化硫（SF_6）為 3,200 年，三氟化氮（NF_3）則約為 16,000 年 [8]。

這代表一旦溫室氣體排放到大氣中，會有明確的「延時效應」。長命百歲的溫室氣體，仍不分晝夜地持續排放到大氣中，並且累積下來，就像已經發燒的人體，但體溫仍繼續升高，未來的衝擊與挑戰，只會越來越大。

氣候變遷改寫文明進程

自從氣候變遷在 1980 年代開始成為全球焦點，到現在不過 30 餘年的時間，氣候變遷的症狀已經從可感受到的輕症急轉直下，到了必須馬上急救的重症階段。因為這「緊急狀況」，各國終於對於

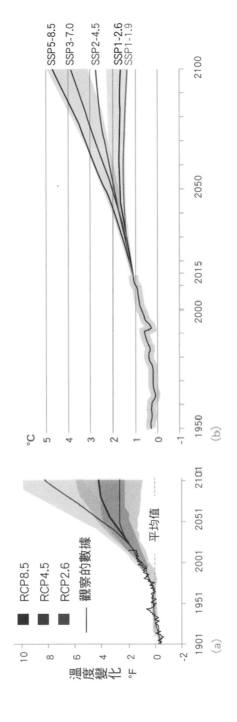

圖 4-1-1　（a）2017 年美國 USGCRC 的氣候科學特別報告與
　　　　　（b）2021 年 IPCC 發行的 AR6 對未來地表均溫的預估

資料來源：（a）[5]；（b）[6]

在本世紀中達到淨零排放許下承諾，但氣候變遷對地球生態與人類系統的壓力與危害仍持續，且與日邊增，調適（adaptation）就成為人們透過一些「調整」之後，以「適應」新的氣候設定（climate settings）的必要行動。調適的成功與否，輕則涉及人們是否能活得更舒服些，或維持自己的健康與生產力，重則涉及到社會、國家，甚至人類這族群的存活與否。

當氣候變遷發生得太快，當地的居民或政府來不及調適，或調適得不夠，或方向不對，就可能造成明顯的後果。鑑古知今，從過去的若干與氣候變遷相關的歷史研究中可一窺端倪。中國大陸知名地理學者竺可楨在 1972 年發表《中國近五千年來氣候變遷的初步研究》，將自夏朝以來的溫度變化，透過考據予以討論 [9]。

譬如，12 世紀初期，中國整體溫度急降，金人由東北入侵華北，趕走了遼人，在現在的北京建都。2015 年《科學月刊》專文報導一篇美國學者的研究，認為在此之後，氣候開始變暖，造成 1200 年開始北方的蒙古人因而兵強馬壯，為後來一路南下亡金滅宋，建立元朝創造理想的條件 [10]。圖 4-1-2 為中國幾個重要朝代更迭與氣候之間的關係圖，可以看到強盛朝代與弱勢朝代和氣候的關聯。

馬雅文化的突然消失一直是個謎團，各種分析都有。2012 年美國賓州州立大學道格拉斯肯內特（Douglas Kennett）教授領導的研究團隊在知名學術期刊《科學》（Science）上發表了論文 [11]，認為馬雅文化全盛時期降雨量高，農業生產力建構了繁榮的社會，但西元 660 年後開始發生長年乾旱，導致資源枯竭，王朝統治基礎動搖，到了西元 900 年之後城邦崩壞，1、2 百年之後馬雅文明正式終結 [12]。當年的馬雅人，已經習慣了風調雨順，因而國泰民安。盛世人口多，要養活的人也多，一旦雨量不足，基礎建設的韌性有限，偉大的文明也會終結。

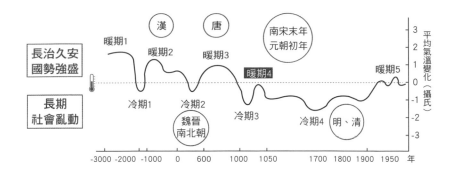

圖 4-1-2　中國歷史幾個朝代興衰與氣候的對照圖

圖片來源：改繪自 [10]：劉昭明（2015），蒙古人崛起是因為氣候好，科學月刊

　　羅馬帝國在西方文明發展史中扮演了重要角色，而無論是發生於西元 5 世紀的西羅馬帝滅亡與西元 1453 年滅亡的東羅馬帝國，在諸多研究與討論中，氣候變遷與瘟疫都扮演了關鍵的角色。圖 4-1-3 描繪出西元前 20 個世紀全球溫度變化與幾個主要被歸類的期間，包括羅馬溫暖期（Roman Warm Period）、晚古小冰期（Late Antique Little Ice Age, LALIA）、中世紀氣候異常期（Medieval Climate Anomaly）、小冰期（Little Ice Age），與工業革命後的新近暖化（Recent Warming）[12] [13]。

　　西羅馬帝國在西元 2 世紀的瘟疫和 3 世紀羅馬溫暖期的結束雙重影響之下，快速走向混亂與滅亡。東羅馬帝國滅亡的軌跡則為：溫暖的氣候營造強盛的帝國，使得人口眾多與生活水準較高，後續氣候變遷與其衍生的飢荒、瘟疫發生，調適能力或韌性不足，讓帝國走向滅亡。如果把小冰期的年代與中國歷史對照，恰好是明朝末年，氣候變遷造成農產歉收，流寇四出，結束了 200 多年的明朝。

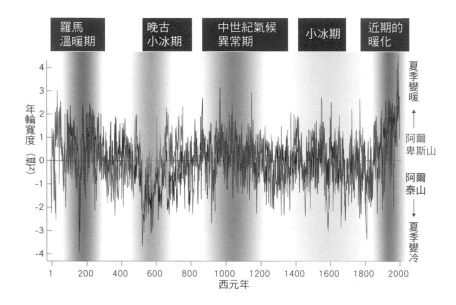

圖 4-1-3　西元前 20 世紀全球溫度變化與幾個期間，包括羅馬溫暖期
　　　　　（Roman Warm Period）、晚古小冰期（Late Antique Little
　　　　　Ice Age, LALIA）、中世紀氣候異常期（Medieval Climate
　　　　　Anomaly）、小冰期（Little Ice Age）
資料來源：[12] [13]

從歷史學習教訓：我們現在能做些什麼？

　　圖 4-1-2 與圖 4-1-3 的最右邊都出現了十分明顯的近代暖化趨勢，
各種狀況已經在現實世界發生，且持續惡化。IPCC 在 2022 年發
行了 AR6 系列的第二份報告書「衝擊、調適與脆弱度」（Impacts,
Adaptation and Vulnerability）[14]，特別整合說明暖化對自然界可以
提供給人類的服務（natural service）所造成的最關鍵的風險包括
植物授粉、海岸保護、觀光遊憩、食物來源、健康、水的淨化、潔
淨空氣、氣候調節等八項，而未來最嚴重的整體風險包括熱壓力、
水的匱乏、糧食安全、洪水等。

自然或生態系統服務為在現在社會中生活的人類一切運作的基礎，往外延伸將有各方面的擴大效應。譬如，全球約有一半（33～36億）人口居住在都市中，其交通設施、維生系統、能源穩定、食物供應、工商活動等無不受到氣候變遷的衝擊，因其系統複雜，脆弱度更高。

氣候變遷的衝擊是全面性且廣泛的，雖然在聯合國倡議之下，已有許多國家開始規劃與執行各類的調適計畫，然而以全球尺度而言，可以說「既患寡也患不均」。先進工業化國家已有整體規劃，但是調適的精準度與廣度深度都還不見得足夠，開發中國家或相對落後國家更不用說了。無論是整體規劃、實施計畫、法規制度、財務支援，我們都需要認真地檢視與策進，因為，這是與時間賽跑的任務。若跑輸了，後果將不堪設想。圖 4-1-4 是聯合國在非洲國家納米比亞進行氣候變遷傳播時使用的一張圖片，以最直觀的方式與民眾溝通：氣候變遷影響我們所有人，是否做好調適工作，最後的結果將完全不同。

4-1-2 氣候衝擊與風險

因為溫室氣體的特性使然，即使現在立刻停止所有人為溫室氣體的排放，未來十年的暖化也會因為系統的慣性被鎖定（locked-in）在地球的行事曆上 [1]。現實的狀況更糟糕：持續排放造成的加速暖化將令氣候變遷對人類社會和生態系統的不利影響更加嚴峻，氣候風險一再升級。過去幾年的疫情、地緣政治、戰爭等轉移了人們的注意力，但氣候不會因為我們忽視而停止惡化，我們看見了、知道了卻不回應，怎麼樣都不是明智的選擇。

沒有調適的生活　　　　調適後的生活

圖 4-1-4　聯合國提供給納米比亞居民的氣候變遷調適宣傳圖畫

氣候變遷調適與減緩的界定

在第 1 章中,我們曾經以 AR3 的資料說明氣候變遷與環境、社會、經濟的架構性關聯,和減緩與調適在其中扮演的角色(圖 1-1-13)。用最簡單的語言來說,減緩是避免氣候變遷發生或惡化的行動,減少碳排放是關鍵;調適則為在氣候變遷已經發生後的自我保護作為。AR4 使用了另一張圖詮釋氣候變遷的衝擊、減緩與調適的互動關係(圖 4-1-5),說明了三者的花費(程度)之間的關聯。任一變數固定,則另外二者呈現反向關係。譬如,在同一種衝擊下,減緩越多,則調適可以越少;同樣的減緩程度下,調適越努力,則衝擊可以越低;若調適成本相同,則減緩越努力,衝擊程度越低 [2]。

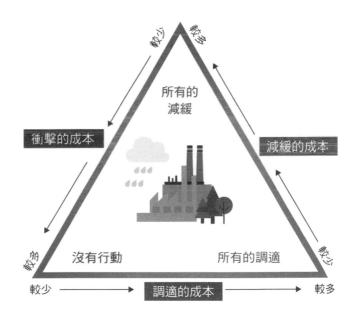

圖 4-1-5　氣候變遷衝擊、減緩與調適三者之間的互動關係
資料來源:[2]

氣候風險與我們的世界

　　「風險」是有可能但不見得必然發生的負面影響及代價。風險通常是違背預期，或比預期的更糟糕的狀況。之前在第 2 章曾說明，氣候風險由三個因素導致：危害（hazard）、脆弱度（vulnerability）和暴露（exposure）[3]。危害是可能發生的威脅生命、財產和生態安全的氣候事件；脆弱度是面對氣候災害的敏感性和缺乏適應和復原能力的程度；暴露是人、生物、財產、基礎設施等接觸氣候災害的程度，受到時空條件的制約。當三個條件同時滿足並到達一定程度，風險便具體以負面影響表現（如圖 4-1-6（a））[4]。以極端高溫對鐵路基礎設施的風險為例：危害是極端高溫天氣，脆弱度來自於鐵路基礎設施的耐熱性，暴露是指鐵路相對於極端高溫天氣的空間位置。

　　圖 4-1-6（b）說明，氣候變遷導致危害，貧窮和環境退化的地區脆弱度高，而未妥善規劃的開發增加暴露程度，使得氣候災害風險整體增加。圖 4-1-6（c）則說明了，因我們能降低的危害、脆弱度、暴露程度都只能到一個限度，因此透過調適手段能夠降低的氣候災害風險也有其限制。

　　不止是基礎設施、房屋等人造物，小到獨立的生物個體，大到一個複雜的系統和地區，在與氣候變遷直接或間接關聯的危害和暴露面前都顯得脆弱。AR6 的《氣候變遷 2022：衝擊、調適和脆弱度》報告中辨識出可能在氣候變遷影響下變得嚴峻的風險，達 130 項之多 [6]，並歸納出 8 類代表性關鍵風險（Representative Key Risks, RK-Rs）。分別是 a）低窪沿海系統（coastal socio-ecological systems）、b）陸域海域生態系統（terrestrial and ocean ecosystems）、c）關鍵基礎設施、網路和服務（critical physical infrastructure, networks and

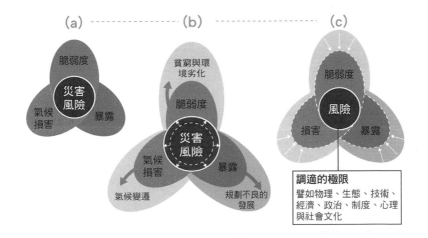

圖 4-1-6　(a) 氣候災害風險的要素；(b) 各種讓氣候災害風險升級的因
素；(c) 調適有其極限

資料來源：[4][5]

services）、d）生活品質（living standards and equity）、e）人類
健康（human health）、f）食物安全（food security）、g）水資源
安全（water security）、h）和平與流離失所（peace and migration）
（如圖 4-1-7）。這些風險幾乎就是「人類苦難的地圖集」（atlas of
human suffering）[7]。

　　世界上所有地方、所有人都面臨氣候災害風險升高的威脅。我們
有時在媒體上看到的類似電影的災難場景讓人感覺不真實，但的確
在地球各地發生。住宅區被野火燒毀、熱帶風暴毀掉城市基礎建
設，對人們的生命財產造成直接威脅 [9]，極地冰川消失衝擊定居數
千年的因紐特人的生計與文化 [10]，上班族因熱浪引發心率加快、
呼吸急促、脫水、昏迷 [11]，更不用提家庭中更加脆弱的小孩和長
輩。我們都可能是氣候風險情境中的任何人。

圖 4-1-7　8 類代表性關鍵氣候風險
資料來源：改編自 [8]

相互關聯的系統：複合與連動風險

　　更令人擔憂的是，多種氣候災害將同時發生，多種氣候和非氣候風險相互作用，導致總體風險、跨部門風險、和區域級聯風險的疊加，帶來艱鉅的挑戰。IPCC 的 AR6 以氣候變遷、人類社會、自然系統（生態系與生物多樣性）的交互關係詮釋調適與風險（如圖

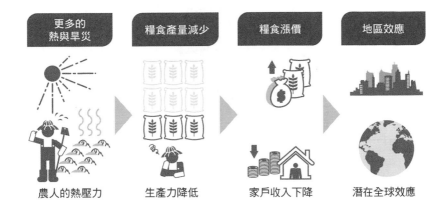

更多的熱與旱災 　糧食產量減少 　糧食漲價 　地區效應

農人的熱壓力 　生產力降低 　家戶收入下降 　潛在全球效應

圖 4-1-9　風險連動示意圖

資料來源：[13]

4-1-8）[12][13]：氣候變遷對人類社會和生態系統造成風險，人類社會則同時造成問題並解決問題，也就是說，強化的氣候變遷對生態系統施加壓力，但人類也同時因應氣候變遷修復自然。自然系統的角色非常關鍵，氣候變遷降低自然系統的服務品質，進一步影響其調適氣候壓力的能力，造成惡性循環，而人類不永續地使用自然系統無異雪上加霜，使環境更脆弱，難以調適氣候變遷衝擊。

連動風險的案例很多，譬如更加嚴重的高溫和乾旱會同時影響作物產量和農業從業者的生產力，產量降低引發糧食價格上漲，但他們的收入往往不會成比增加，進一步製造在地或全球影響（圖 4-1-9）[13]。此外，自然系統面臨的風險是不可忽視的。

最新的 AR6 報告揭示了動物為了適應暖化而向兩極地區移動，陸地動物以每 10 年平均 16 英里的速度向極地移動，而海洋物種以每 10 年 72 英里的速度移動[14]，動物有可能是未知病毒的攜帶者，人類破壞棲地、擴張城市、非法捕獵，加上氣候變遷的效應，人類居住區域發生新流行病的風險將進一步增加[15]。

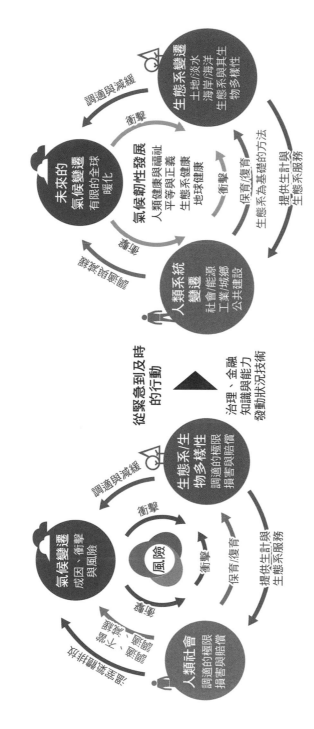

圖 4-1-8　氣候變遷、人類社會與自然系統以氣候風險為核心的相互作用

資料來源：[12][13]

不平等的世界需要公平發展的機會

氣候變遷本質上是不平等的（inherent injustice）[16]，許多苦果的承擔者是那些碳排放最低，卻受到氣候變遷負面影響最大的群體：貧困者、兒童、女性、少數族群、低度開發國家或地區的居民……。一項研究發現，在 92 個開發中國家，最貧窮的 40% 人口因氣候災害而遭受的損失比擁有平均財富的人的損失高出 70%[17]。他們擁有較少的資源來準備、調適、因應氣候風險，也更難從不利的影響中恢復，變得更加脆弱。氣候變遷使貧困因子反覆出現，並迫使窮人陷入持續的極端貧困深淵。

這也是為什麼氣候變遷一直都是一個有關於公平與正義的議題，透過全球對於調適的共同努力，才能夠給弱勢地區人們一些公平發展的機會。

4-1-3 最基本的最重要：氣候變遷調適的基本內涵

雖然調適與減緩同為氣候變遷主要的因應策略，但由於「減碳」或「節能減碳」在教育宣傳資料或媒體報導上占據的版面比調適大得多，許多人對於「調適」的基本認識仍模糊不清。譬如，環境部於 2022 年的《全民氣候變遷素養調查》結果顯示，當被問到「節能減碳是氣候變遷調適的作為」時，受訪的 2,589 位隨機抽樣的民眾中，僅有 11.4% 回答了「否」（正確答案）[1]。早年許多政府單位提出的氣候變遷調適計畫，其實僅是在已經執行的計畫前加上「氣候變遷調適」的標籤，不見得真正具備氣候變遷調適的內涵。

變化的變化的變化：解析氣候變遷調適

聯合國氣候變化綱要公約（UNFCCC）、聯合國跨政府氣候變遷工作小組（IPCC）、歐盟都為氣候變遷調適提供了不同角度的定

義與詮釋。UNFCCC 為調適下的定義為：

Adaptation refers to adjustments in ecological, social, or economic systems in response to actual or expected climate stimuli and their effects or impacts. It refers to changes in processes, practices, and structures to moderate potential damages or to benefit from opportunities associated with climate change. [2]

意即，調適乃因應已經發生或預期將發生的氣候衝擊，所採取在生態、社會、經濟層面的調整措施。

IPCC 在 2013 年的 AR5 中，提到的氣候變遷調適的定義為 [3]：

The process of adjustment to actual or expected climate and its effects. In human systems, adaptation seeks to moderate or avoid harm or exploit beneficial opportunities. In some natural systems, human intervention may facilitate adjustment to expected climate and its effects.

在這個定義中，IPCC 強調氣候變遷調適在人類系統與自然系統不同的意涵。對於人類系統而言，調適重點在於調節或避免氣候帶來的損害，或發掘衍生的好處。在自然系統中，人類的介入行動可能促使預期的氣候與效應有所改變。此外，IPCC 也依照其效應的長短，將調適分為「漸進型調適」（incremental adaptation）與「翻轉型調適」（transformational adaptation），前者的目的為維持特定尺度下的系統或程序的完整性，而後者則為改變系統回應氣候與其效應的根本屬性。用白話來說，前者講究因病投藥，後者重在改變體質。

歐盟對於氣候變遷調適的定義則為 [4]：

Adaptation means anticipating the adverse effects of climate change and taking appropriate action to prevent or minimise the damage they can cause, or taking advantage of opportunities that may arise.

意即在氣候變遷將帶來的負面效應的預期下，採取適當的行動，俾使能預防或最小化氣候導致的損害，或能因其帶來的機會而獲益。

綜合幾個定義，我們可以理解，氣候變遷及其衝擊很可能為人類與自然系統帶來負面衝擊，但也可能有正面影響。衝擊面包括經濟、社會、環境等各個層面，而我們必須採取適當的行動。

換句話說，氣候變遷調適就是人們因應「氣候」的「變遷」，和這變遷造成的變化，採取了與原來不一樣的行動。這其中有三個層次的「變化」：

1. 氣候的變化（氣候變遷）

2. 氣候變遷導致的各種變化（衝擊）

3. 為了因應前述變化，人們的作為的變化（採取行動）

所以，氣候變遷調適是「變化的變化的變化」，若缺了其中那一個變化的概念，就不符合其真實意涵，而變化只可能更多。位於南太平洋的友邦吐瓦魯發生的真實狀況，是一個很好的案例 [5]：

氣候變遷（第一個變化）導致海平面上升（第二個變化），使得海水入侵幾乎與海平面同高的吐瓦魯，土壤鹽化後（第三個改變），民眾的傳統澱粉來源：芋頭與樹薯產量大幅度降低（第四個改變）。於是，只好進口這些食物或其他的澱粉來源，譬如白米。民眾的飲食習慣也隨之改變（第五個改變）。

圖 4-1-10　吐瓦魯總理 Natano 與該國任命之氣候緊急大使黃瑞芳藝術
　　　　　家在海岸合影

資料來源：黃瑞芳提供

氣候變遷調適循環

　　基於前述的氣候變遷調適的基本定義與性質，許多研究機構提出氣候變遷調適的執行原則，或「氣候變遷調適循環」（climate adaptation cycle）。簡而言之，就是從觀察與理解氣候變遷衝擊，針對需調適的系統規劃方案，並且執行後依照效果回饋修正，以達到持續改善的歷程。

　　歐盟環境部以傳統的六步驟圖表達氣候變遷循環[6]（圖4-1-11），從準備、氣候變遷衝擊與脆弱度評估、界定調適需求、評估調適方法、設計與規劃調適策略、執行與監測，再回到準備工作。

圖 4-1-11　歐盟環境部提出的氣候變遷調適六步驟循環圖
資料來源：[6]

運用同樣的程序邏輯，氣候變遷調適循環圖也可以使用別的方式表現。圖 4-1-12 使用更系統化的方式，將上述的六個步驟轉化為三大階段 [7]：

1. 計畫階段（plan）：定義規劃目的，評估氣候衝擊與脆弱度，並設定、審查與修訂調適目標、策略與行動；

2. 行動（act）：執行調適行動；

3. 觀察、學習與調整（observe, learn, and adjust）：監控行動的成效，並且視需要做出調整。

在這個版本中，調整連結行動，構成了內部回饋循環，讓這循環圖更符合操作特性。

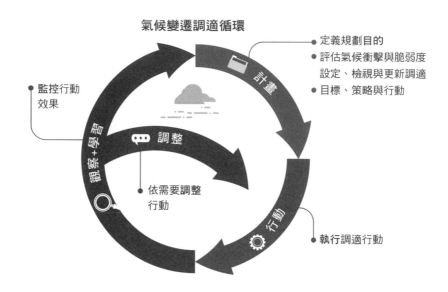

圖 4-1-12　將內部循環列入的氣候變遷調適循環圖

資料來源：[7]

氣候變遷調適計畫案例與判定準則

　　歐盟於 2009 年發布國家氣候變遷調適（National Adaptation Plan, NAP）指引，當時諸多會員國僅將其列為參考，並未完全遵照該指引擬定各國的調適計畫。整體而言，以歐盟各國的觀點來看，NAP 主要的問題包括缺乏系統思考、財務配套、損害預估、垂直整合與多方參與[8]。

　　英國司法部於 2020 年發布氣候變遷調適計畫，（圖 4-1-13）。該調適計畫的主要內容包括目的、範疇、驅動力、策略目標、治理方式、界定關鍵風險、報告方式、衍生資料、溝通與發行計畫、監測與評估、補充資料與行動方案。若對應到圖 4-1-12 的幾個階段，在「計畫」階段，即需要先做好範疇界定，明確瞭解驅動力，訂出

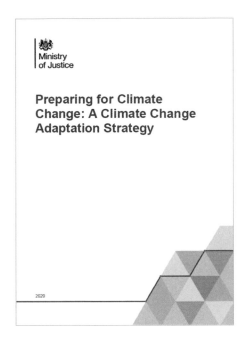

圖 4-1-13　英國司法部提出
　　　　　的氣候變遷調適
　　　　　計畫封面
資料來源：[9]

策略目標與治理方式，並且界定關鍵風險 [9]。

　　以範疇而言，必須列出牽涉到的相關部門與權益相關者，譬如地產管理、監獄管理者、法院、設施管理業者、政策制訂者、相關部會、關心 SDGs 的民眾等；驅動力係指各種對於未來風險的預估基準，包括：

1. 英國在 2018 年提出的未來氣候預估軌跡；

2. IPCC 報告對於未來的風險預估；

3. 巴黎協定的升溫小於 2°C 目標；

4. 聯合國永續發展目標（SDGs）；

5. Climate Change Act 2008（英國氣候變遷法 2008 年版本），於 2019 年通過的 2050 目標修正案。

策略目標雖然僅為原則性，但相當值得參考：司法部必須因應未來可能發生的氣候變遷！具體而言，需就未來升溫 2°C 與 4°C 的情境下的地產、政策與人員訂定計畫。

界定的關鍵風險也很具有參考價值，可以提供給我國的公私部門參考，包括：

- 風暴、旱澇
- 建築物過熱與過冷
- 罪犯逃脫
- 交通與關鍵基礎設施脫序
- 氣候相關之國際人口移動
- 自然資本風險，包括陸地、海岸、海洋與淡水生態、土壤與生物多樣性的風險
- 國內與國際食物生產與貿易風險
- 公共用水風險

基本上，在「正常狀況」下應該不會發生的事情，到了極端天氣狀況之下，都可能成為連鎖效應下的真實情境。

參考歐盟與英國的氣候變遷調適案例，回應到我國各部會與地方政府提出的氣候變遷調適計畫，可以發現諸多根本問題。一個名為氣候變遷調適行動方案的計畫，是否真的與氣候變遷調適相關，可以從下列幾個最簡化的標準判定：

1. 必須與氣候變遷相關：需為因應氣候變遷產生的衝擊採取的不同行動，也就是多層次變化的概念需在計畫中明確看到。在沒有氣候變遷的情況也在做的事情（譬如監測水質）就不能算是氣候變遷調適。

2. 必須進行風險評估：風險為氣候變遷調適的思維核心。

3. 必須與常規計畫不同：避免僅將常規計畫加上氣候變遷調適的標籤。

4-1-4 氣候治理：調適的發展歷史與典範轉移

氣候變遷調適已經成為全球性議題，現在越來越多已開發國家也開制定自己的調適計畫，並將其納入法律。這些調適計畫和低碳轉型計畫構成了「氣候治理」—即國際和國家層面的應對氣候變遷的決策過程、運作方式和參與機制的一部分。接下來，我們來回顧全世界針對氣候變遷所作的調適努力。

氣候變遷調適發展簡史

1992 年，《聯合國氣候變化框架公約》（UNFCCC）的成立開啟了全球合作應對氣候變遷的歷史 [1]，設定了以降低溫室氣體排放的「減緩」為主要策略目標，並且從 1995 年開始每年召開締約國會議（COP），評估各國努力的進展。1996 年在日內瓦舉行的 COP2 首度提到了衝擊、風險評估與脆弱度等與調適相關的概念，爾後在 2001 年在馬拉卡治舉行的 COP7 中開始針對低度發展國家討論先期調適的先期規劃與調適基金。2005 年在蒙特婁舉行的 COP11 中，締約國以分享知識平台的角度，建構了奈洛比工作計畫（Nairobi Work Programme, NWP），正式開展了氣候變遷調適的全球工作 [2]。

2005 年開始，氣候變遷調適受到更多的關注。IPCC 在 2007 年發行的 AR4 中，針對調適的篇幅增加，也針對水資源、農業、基礎建設、人類健康、觀光旅遊、交通運輸、能源等領域個別說明

調適作為 [3]。同年，在峇里島舉行的 COP13 通過峇里島氣候計畫（Bali Climate Plan），強化調適的倡議。2010 年，在墨西哥坎昆舉行的 COP16 通過坎昆調適架構（CAF），為全面綜合性調適的開始；2011 年，在南非德班舉行的 COP17 則通過相當重要的德班調適憲章（Durban Adaptation Charter, DAC），推動地方政府的氣候變遷調適。

2013 年，在華沙舉行的 COP19 則首次將損害與賠償議題列入討論，也被視為氣候變遷調適的「究責」概念的開始。後來，在 2015 年 COP21 通過的巴黎協定中，完整地強調調適的重要性，在小島嶼國家和最低度發展國家聯盟的推動下賦予「調適」更多的重視，且將集體的、長期的調適目標包含在協議中 [4]；在 2019 年的 COP24 中，則開始討論社區與原住民扮演的重要角色。

圖 4-1-14 為氣候變遷調適過去 20 餘年在國際社會中的簡要發展歷程，基本上調適從一開始的科學研究為基礎，進入知識平台與評估架構的開發，爾後在全球發展計畫與具體實施。近年氣候變遷調適計畫強調居民的風險與機構的支持，並且發展出報告的格式 [5]。

從反應到管理，改變氣候災害的應對模式

災害是氣候風險的重要內涵，也是氣候變遷調適治理過程中需要考慮的問題核心。災害防救（防災）與氣候變遷調適（調適）有何相同、有何不同，一直都是學術與實務領域討論的焦點。這個問題可以從風險類別與時間軸二個角度來探討。

以氣候災害風險分類而言，第一類為極端天氣引發的，例如洪水、乾旱、野火、颱風颶風等自然災害的風險 [6]，而各國政府與民間已經熟悉這些災害，也由防災減災部門透過系統規劃或民間智

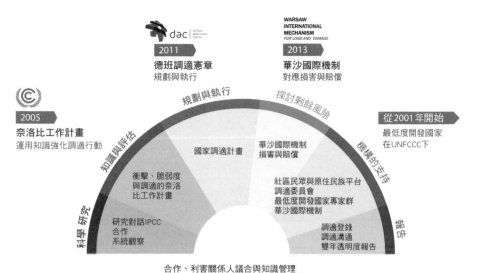

圖 4-1-14　氣候變遷調適在過去 20 餘年來的發展歷程

資料來源：參考 [5] 改繪

慧運用經驗法則降低災害風險。第二類則為緩慢發生的長期災害風險，例如海平面上升、季風改變以及海水酸化等，這將威脅不同地方居民或某些行業的生計，增加其不確定性。傳統防災體系對於這類風險則未涉及。圖 4-1-15 整理出防災與調適各自與共同相關的災害風險類型 [7]。

　　若以時間軸的角度來看，防災體系以減災、整備、應變、復原四個階段循環發展為核心架構，根據的是經驗法則與科學數據，並未考量未來的氣候變遷情境，時間軸範圍基本上從過去到現在。調適則為基於氣候變遷情境預測的災害與風險治理，時間軸跨越過去、現在與未來，且更強調現在與未來。若從應變動態的角度來看，防災傾向因應式（reactive）處理，調適則較類似主動積極的（proactive）。

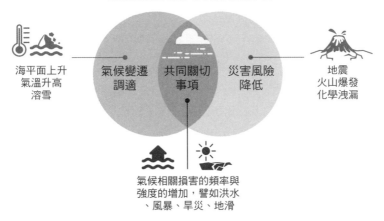

氣候變遷調適與災害風險管理

海平面上升
氣溫升高
溶雪

氣候變遷
調適

共同關切
事項

災害風險
降低

地震
火山爆發
化學洩漏

氣候相關損害的頻率與
強度的增加，譬如洪水
、風暴、旱災、地滑

圖 4-1-15　　災害風險減少和氣候變遷調適關心的災害風險類型
資料來源：[7]

　　由此可見，減災與氣候變遷調適有共同關心的方向，也有各自專注的問題。兩者的共同交集在於處理氣候變遷影響下氣候相關災害增加的頻率和規模：災害類別、頻率、尺度正隨著氣候變遷而改變，氣候變遷調適則更需要從治理角度切入，納入更多的利害關係人，尤其是民眾的參與。因為，調適的執行不僅是政府的工作，也必須是眾人的集體行動。

　　變化的性質和對未來的預估要求災害調適系統也是動態（dynamic）和超前的，這對正在處於規劃階段的調適方案提出了新的要求。在我國的氣候變遷災害風險調適平台中可以看到，在淹水災害風險調適策略中，其中一些策略已經反映出從「防災治災」到「韌性調適」的思維。譬如，改變土地利用、改善河川上游、海綿城市、農業研發、提高防洪標準、都市規劃等 [8]。

良好的國家調適與治理的要素

從上述淹水風險調適策略例子還可以看出，未來單一災害的調適方案將會延伸到各個部門，如農業、建築、基礎設施、城市規劃等多個領域，並且回饋到原來的系統。雖然我國目前的調適政策依在第 2 章前所述，分為七大部門，然而任何一個部門的調適工作必然與其他部門發生關聯。

國家的氣候變遷調適政策如何才能有效呢？一些關鍵要素如下：

1. **以科學為導向**：氣候變遷的論證在科學界已經證實，目前的議題僅為如何在不確定性中預估可能情境，並且規劃適當的策略，進行必要的因應行動。國家與地方政府的決策者均需與跨領域學術社群合作，建構符合自然科學法則與社會科學預期的調適政策。

2. **跨領域的綜合方法**：氣候調適計畫和政策應與經濟發展、產業運作、社會規律，和日常生活結合，亦即為回應包括經濟、社會、環境的永續發展架構對應的真實世界，運用綜合方法進行整全治理（holistic governance）。

3. **多層級治理**：氣候變遷調適不能僅停在國家層級，需要由國家、州或省、縣市、社區等各垂直層級間有所連結，且需要政府、私人企業、NGO 等不同利害關係人形塑共通目標，創建一個多參與者的調適治理網絡系統（圖 4-1-16）[9]。

4. **以公民為重心**：公民參與是氣候變遷調適與傳統防災的重要差別之一，尤其是受氣候變遷影響最為嚴重的地區的民眾的經驗與意見，是在地調適的關鍵因素。在 COP24 之後，其角色受到國際社會的高度重視，審議式民主（deliberative democracy）逐漸成為調適相關的集體決策模式的操作原則。

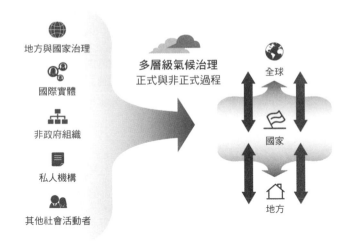

地方與國家治理

國際實體

非政府組織

私人機構

其他社會活動者

多層級氣候治理
正式與非正式過程

全球

國家

地方

圖 4-1-16　多層級氣候治理示意圖

資料來源：[9]

5. **具有靈活性**：雖然設定縱向的跨層級合作與橫向的跨部門合作是必要的，但調適本身需具有高度的彈性與靈活性，才能夠隨時依照目標調整策略與作法，確定針對人們與其賴以生存的生態系服務做出有效行動。

6. **公平性**：之前提過，受到氣候變遷衝擊的群體不見得碳排放高，且調適在一國家或地區中的不同社群之間也涉及過程與結果是否公平的問題。決策時需特別考慮身處氣候衝擊第一線的弱勢群體的福祉。

4-2 韌性調適：自然、氣候與人

我們在上一節中，討論了氣候變遷對於人類歷史發展的影響，也以風險的角度探討了氣候變遷的特性，強調需有系統性、動態性與

前瞻性的思維，才能設計務實的制度，推動氣候治理，降低氣候變遷可能帶來的風險或危機。「韌性調適」（resilient adaptation）是現在大家很熟悉的名詞，簡單來說，即為「基於建立韌性進行的調適作為」。氣候變遷帶來各種直接或衍生的災害，若能降低脆弱度（vulnerability）則能降低受災損失，進而提升韌性（resilience），也就是「回復力」。系統可以儘早回復到原先的狀態，讓長期的風險降低。

氣候變遷肇因於人類的行為，對自然與人造成衝擊，而自然卻同時可以提供氣候變遷的解方。客觀地看待自然的角色，並且搭配人的適當角色，對於因應氣候變遷的工作有相當的助益。在大氣二氧化碳濃度達到 420 ppm，全球升溫約 1.1 ～ 1.2°C 的現在，我們正在與時間賽跑。晚一天做好準備，或準備不夠，就將付出更沉重的代價。挑戰與機會同時擺在我們面前，需要的是快速有效的氣候行動。

4-2-1 連結人與自然的調適作為

人類原來就生活在自然中，也依賴著自然資本生存與發展。在漁獵與農業社會中，人類雖然消費自然資本，但基本上還在環境涵容能力（carry capacity，又稱環境承載力）以內，大規模的資源耗竭問題並不普遍。然而，在工業革命之後，人類不僅挖出封存在地底的化石燃料，作為機器的燃料，並且產生大量的溫室氣體排放，也同時由於效率的提升，加快消耗自然資源的速度。自然資本本身也是氣候變遷的受害者，然而也仍然有提供調適的能力。

過去認為的極端天氣逐漸常態化，海平面持續上升且伴隨海岸侵蝕，毀林狀況持續發生，氣候相關災害越來越嚴重。在國家體制與

社會脈絡中，我們已經習慣運用科技工程手段與政策方案調適氣候變遷。然而，大自然的力量仍在，自然的龐大量體與自然的規律使得以自然為本的解決方案（NbS）不可忽視。在全球碳循環中，森林與海洋就是最重要的碳匯來源，是減緩氣候變遷的關鍵力量。事實上，在調適氣候變遷、建構更具韌性的社會上，自然的角色應好好發揮。

本末倒置？對傳統防災的反思

人們慣有的思維與因應模式可以解決短期的問題，但往往會製造長期的新問題。例如，改造自然的海岸並阻礙其演變的消波塊和海堤會造成突堤效應，造成海岸侵蝕和天然沙灘的消退，使沿海社區在風暴潮面前變得更加脆弱。一旦洪水的高度越過海堤，侵入的海水被困在內陸，將會造成新一輪的淹水問題。

2005 年聯合國「千禧年生態系統評估報告」（Millennium Ecosystem Assessment，MA）將生態系功能對應人類福祉所提供的生態系服務（ecosystem service）整理出 4 大類別：供給服務、支持服務、調節服務以及非物質層面的文化服務（圖 4-2-1）[1]，其中調節服務除了可以幫助社會調節疾病和水資源外，也可以調節氣候幫助減緩氣候變遷。

傳統以水泥為主體的「灰色基礎設施」（grey infrastructure），在氣候變遷影響下所要支付的維護成本會比以往高出很多[2]，而相對的是，自然系統能夠產生的經濟價值遠遠高於其維護成本。

持有這一觀點的聯合國首席經濟學家艾利奧特．哈里斯（Elliott Harris）提出，國民經濟核算應當納入對自然價值的評估[3]，這能夠為政策制定者在經濟、氣候行動和保護物種多樣性方面的決策提供重要的依據。前述 MA 小組發布的《生態系統與人類：濕地和水》

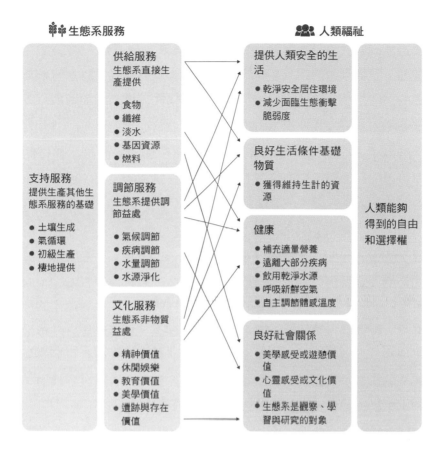

生態系服務

人類福祉

供給服務
生態系直接生產提供

● 食物
● 纖維
● 淡水
● 基因資源
● 燃料

調節服務
生態系提供調節益處

● 氣候調節
● 疾病調節
● 水量調節
● 水源淨化

文化服務
生態系非物質益處

● 精神價值
● 休閒娛樂
● 教育價值
● 美學價值
● 遺跡與存在價值

支持服務
提供生產其他生態系服務的基礎

● 土壤生成
● 氣循環
● 初級生產
● 棲地提供

提供人類安全的生活

● 乾淨安全居住環境
● 減少面臨生態衝擊脆弱度

良好生活條件基礎物質

● 獲得維持生計的資源

健康

● 補充適量營養
● 遠離大部分疾病
● 飲用乾淨水源
● 呼吸新鮮空氣
● 自主調節體感溫度

良好社會關係

● 美學感受或遊憩價值
● 心靈感受或文化價值
● 生態系是觀察、學習與研究的對象

人類能夠得到的自由和選擇權

圖 4-2-1　生態系服務與人類福祉的關聯性
資料來源：[1]

（Ecosystem and Human: Wetland and Water）報告指出，覆蓋地球陸地 8% 的濕地生態系統以及它們提供的防洪、漁業集中地和水淨化功能價值 15 兆美元。它為人類生計創造實際的價值[4]。研究指出，印度東海岸紅樹林地區的近海漁業平均每小時為漁民提供 271 磅魚（價值約 44 美元），而沒有紅樹林的地區僅能提供 40 磅魚（每小時 2 ～ 3 美元）[5]。

氣候變遷、自然生態系、人類三者的關聯，在減緩與調適中均扮演重要角色。圖 4-2-2 為 2019 年在《科學》發表的一篇論文中的整理，認為以生態系為基礎的減緩措施有助於氣候，以生態系為基礎的調適措施有助於人類，而以生物多樣性為導向的調適則有助於生態系，且標出各種措施的相應歸屬[6]。

　　若以成本效益的角度來看，自然生態系也有可能是比較好的選擇。近期研究顯示恢復沿海濕地的成本比建造防波堤（通常由花崗岩建成的人工屏障）便宜 2 到 5 倍[7]。

　　此外，紅樹林對於長期或短期的干擾事件（如氣候變遷、海嘯等）皆有很大的生態韌性（ecological resilience），可以緩衝海浪的勢能，降低海浪到達海岸的高度和速度，阻擋海浪侵蝕[8]，同時可吸碳、淨化水質及提供養分給許多生物使用，是保護海岸的天然屏障，紅樹林、鹽沼、沙灘、沙丘、珊瑚礁、牡蠣礁等自然棲地即可達到沿海地區應對氣候變遷的目的，能夠自行恢復且可適應氣候變遷的影響[9]。圖 4-2-3 即為印尼蘇門答臘沿海居民復育紅樹林，希望免於海水侵害的影像[10]。

　　國際智庫「全球調適委員會」（Global Commission on Adaptation, GCA）於 2019 年發行報告書：《現在就調適：全球對領導氣候韌性的呼籲》（Adapt now: a global call for leadership on climate resilience）[11]，列出生態系統可以解決的氣候災害與方案，說明其能夠發揮作用的地區不僅在海岸，森林、河流、農田、濕地，甚至是人工化高的都市等。

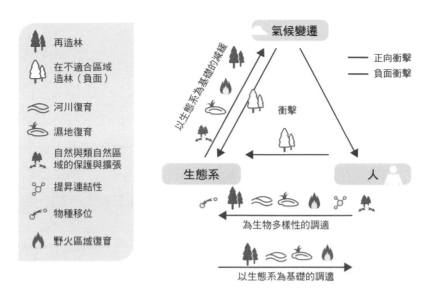

圖 4-2-2 氣候變遷、生態系、人類與減緩與調適措施的相互關係
資料來源：[6]

圖 4-2-3 印度尼西亞蘇門答臘島沿海社區的居民，復育紅樹林，保護腹地免受海水侵害。
資料來源：[10]

森林能夠在強降雨時捕獲水分並淨化地下水，減少乾旱的風險。都市的樹木能夠釋放水分來冷卻周圍的空氣，緩解熱島效應。上游的植被能夠減少山體滑坡的風險（圖 4-2-4）……，而且當人們在城市、鄉村、山地、森林中更大規模的尋求與自然合作時，用於構築永續發展的韌性社會合力才能夠最大化。

回歸本源，在不斷變化的氣候中與自然合作

　　許多原住民族早在他們的歷史和文化中認識到自然環境作為其傳統知識體系的一部分，而在人類福祉中發揮著重要作用，然而此想法直到 1970 年代才以前述「生態系統服務」的概念進入現代科學的討論。2000 年代後期，國際自然保護聯盟（IUCN）和世界銀行等組織開始使用「以自然為本的解決方案」（NbS）這一術語來泛指利用自然資本來解決氣候、環境與永續發展議題的非傳統方法。

　　2016 年 IUCN 提出 NbS 的定義為：「有效並且調適性的行動，以應對各種社會挑戰，同時提供人類福祉和生物多樣性效益，保護、永續管理、恢復自然或被改變的生態系統。」[12]，並於 2020 年推出 NbS 的全球標準指南 （IUCN Global Standard for Nature-based Solutions），列出 NbS 可應用的全球 7 大社會挑戰：氣候變遷減緩與調適、減少災害風險、社會與經濟發展、人類健康、食物安全、水資源安全，以及環境退化與生物多樣性流失等，並提及應用 NbS 的 8 大原則及 28 項細則供相關使用者參考[13]。在 2019 年的聯合國氣候行動高峰會上，NbS 被聯合國秘書長列為六項優先行動組合之一。

　　2022 年，3 月 2 日聯合國環境大會（UNEA）在 AR6 報告發布之際，正式承認以自然為本的解決方案，並將其定義為「保護、養護、恢復、永續利用和管理自然或改變的陸地、淡水、沿海和海洋生態系統的行動，這些行動有效地、調適性地應對社會、經濟和環境挑戰，同時提供人類福祉、生態系統服務、韌性以及生物多樣性方面的效益」[14]。

圖 4-2-4　不同生態系統對氣候風險的調適

資料來源：[11]

圖 4-2-5　國際自然保護聯盟提出的 NbS 全球標準指南
資料來源：[13]

　　在 2021 年底的 COP26 中，NbS 被視為復育自然和解決全球社會挑戰的重要手段，且在 2022 年的 COP27 中持續獲得重視 [15]。全球對於 NbS 作為調適氣候變遷衝擊的關鍵策略達成了共識，未來也有望成為各國氣候政策、立法的主流。臺灣近年對 NbS 的重視也越發高漲，民間環境運動人士主張將生態檢核與自然解方納入政策法規規劃 [16]，以期解決臺灣河流生態問題。

　　根據 UNEA 的定義，設計完善的 NbS 不僅有助於應對氣候變遷和其他環境問題，同時也支持其他永續發展目標。共效益（co-benefit）的概念在 NbS 領域中相當強調，提醒各界為生態系服務評價時，應從系統整體改善的角度出發，也彰顯自然生態系為所有

事物的基盤。表 4-2-1 顯示了針對不同生態系統在氣候變遷衝擊下的風險，以及以自然為本的氣候變遷調適方案和它們的共效益 [17]。健康的生態系統支撐著社會和經濟，為人類和其他物種提供食物、燃料和生計，並提供健康和娛樂福利。

自然解方不是口號

近幾年來，越來越多的政府、企業和私人投資者開始認識到 NbS 能夠帶來的紅利，紛紛支援或自行執行各項 NbS 計畫。許多國家在國家自訂貢獻（NDC）中納入 NbS 計畫，使得 2021 年底之前提交的 NDC 中，NbS 優先的計畫數目由 324 增加至 635 項 [18]。在實際投資方面，荷蘭於 2019 年投資了 59.8 億歐元在水上基礎建設，且大部分用在 NbS 與綠色基礎設施上 [19]。美國總統拜登則於 2021 年通過 1 兆美元的基礎建設法案，支持將 NbS 運用到大型公共工程中，譬如國家電網與流域管理，可因應氣候風險，又可創造就業機會 [20]。在非政府領域，與 NbS 有關的承諾和框架也同樣激增，促成了許多國際協議和新的財政承諾。例如，AFR100 [21]、Cities4Forests [22] 等。

然而，當我們討論與使用 NbS 時，也需隨時提醒自己避免讓 NbS 成為口號，甚至標籤。NbS 處理的議題不見得與氣候變遷有關，譬如相應「聯合國生態系統恢復十年」在世界各地開展生態系統復育工作，為在地居民創造就業機會 [23]。此外，IUCN 也提醒 NbS 必須是有效的，且強調公眾參與。NbS 這自然解方是因應氣候變遷調適的一種值得重視的方法，但不是唯一的方法。當各種政策都被規範納入 NbS 時，也要警惕其強調程度是否不對稱，或核心精神是否合乎國際標準，以免造成類似多年前的「生態工法之亂」的扭曲現象。

表 4-2-1　基於自然的調適方案

氣候衝擊	基於自然的調適方案	預期成果	協同效益
山地和森林地區			
乾旱	永續水域和濕地管理	改善蓄水能力	生物多樣性 永續管理 和經濟機會
土地侵蝕	森林和牧場復育	改善侵蝕	生物多樣性 減緩氣候變遷 生態旅遊
降水增多和異常	恢復深根性的 本土樹種	改善水管理 防禦侵蝕	生物多樣性
農業地區			
季節變化	農業生態管理	改善保水能力 和土壤健康	生物多樣性 減緩氣候變遷
	適應性物種間作	適應更高的溫 度和季節變化	生物多樣性 糧食安全
升溫和乾旱	永續旱地和畜牧業 管理	適應更高 的溫度	永續管理 糧食安全 減少污染
降水增多	生態系統修復和 農林複合經營	改善蓄水能力 減少洪水	生物多樣性 永續生計和經濟 減緩氣候變遷

城市地區			
極端高溫事件	綠色通風廊道和綠地 綠色屋頂和外牆	熱浪緩衝 適應更高 的溫度	生物多樣性健康 減少污染 減緩氣候變遷
洪水	透過綠地緩解 暴雨衝擊	降低水災風險	減緩氣候變遷
	河流復育	改善水資源 管理	生物多樣性 生態旅遊 永續管理
內陸水域			
洪水	濕地和泥炭地 保護和復育	降低水災風險	生物多樣性健康 糧食和用水安全
乾旱	河谷復育 跨域水治理和 生態系統復育	改善蓄水能力 改善供水	永續管理和 經濟機會 減緩氣候變遷
海洋和沿海			
風暴潮	紅樹林復育和 海岸保護 海岸調整 永續漁業 珊瑚礁保護和復育	減少風暴和颶 風風險 減少水災風險 改善水質	生物多樣性健康 糧食安全 永續管理和 經濟機會 減緩氣候變遷
颶風			
海平面上升			
鹽鹼化			
溫度上升		適應更高 的溫度	生物多樣性 糧食安全

資料來源：翻譯和修改自 [17]

4-2-2 調適的機會與挑戰

IPCC 成立於 1988 年，UNFCCC 通過於 1992 年，當時如果人們就下定決心減碳，我們就不需要宣布「氣候緊急狀態」，而是可以從容不迫地減緩與調適。然而，這就像所有世間事一樣，沒有如果。物競天擇說的提出者達爾文有句銘言是：「最終能生存下來的物種，不是最強的、也不是最聰明的，而是最能適應改變的物種（the one most responsive to change）[1]。以目前人類的行為而言，可以算是這快速應變的物種嗎？

拖延的成本：無限大

從 2050 淨零排放與相應的 2030 年全球碳排放量為基準，根據科學估算，如果我們從 1992 年開始減碳（基準年為 1991 年），到 2030 年之前平均每年僅需減少 1 ～ 2% 的碳排放，合計約 3.2 億噸；若從聯合國發行第一份《排放差距報告》（Emissions Gap Report）的 2010 年開始減碳，到 2030 年之前平均每年僅需減少 2 ～ 3% 的碳排放，合計約 7.7 億噸。若從 2021 年開始減碳，每年都需要減少相較於 2020 年 7 ～ 8% 的排放，約 25 億噸，才能達到 2030 年階段目標[2]。我們太晚下決心減碳，調適的成本與壓力非常之大，但也只能面對不要讓這壓力更大了。

以野火為例，根據美國農業部的估計，隨著氣溫越來越高，每年用於野火的消防支出呈現增加的趨勢，在 2017 年用於撲滅野火的費用達到了 20 億美元[3]，如圖 4-2-6 所示。

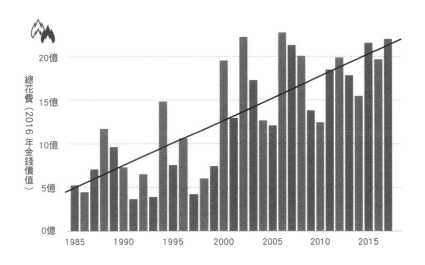

圖 4-2-6　1985 ～ 2017 美國聯邦政府用於野火消防的支出

資料來源：[4]

　　另一方面，開發中國家需要融資以進行調適，但調適成本增加成為全球的挑戰。根據 2016 年聯合國環境規劃署（UNEP）發布的《調適融資差距報告》（Adaptation Finance Gap Report）的估計，到 2030 年，開發中國家氣候變遷調適的成本可能在每年 1,400 到 3,000 億美元之間，而隨著暖化狀況可預期的加劇，到 2050 年將上揚至每年 2,800 到 5,000 億美元之間 [4]。

調適的硬性和軟性限制

　　看過電影《侏羅紀公園》的朋友應該還記得一句銘言：「生命會找到自己的出路」（Life will find its way out.）。然而，生命面對外來衝擊仍需要時間與空間調適，否則命運將如 6,500 萬年前的恐龍一般，在隕石撞擊地球與隨後的全球災難中徹底滅絕。

以西元後到工業革命之前這約 2000 年這人類文明最繁盛的年代來看，全球均溫的變化幅度幾乎沒有超過 1°C，且冷與熱的持續時段相對平衡 [5]，因而全球物種並未出現大幅度因應冷與熱發展出耐受度的變化，或發生大規模遷徙 [6]。然而，過去 150 年左右全球升溫幅度達到 1.1～1.2°C，對於大部分的物種而言，並沒有時間透過演化來適應這樣突發的環境背景變化。

人類個體本身面對溫度與濕度變化的調適能力也有其限制。「濕球溫度」（wet-bulb temperature）是在一定濕度下，水不會蒸發的最高溫度，可以此指示人體擁有自我冷卻能力的溫度範圍。一般人最大可耐受的濕球溫度為 35°C，持續 6 小時 [7]，超過這範圍，無論健康狀況，人就會脫水與中暑。人類目前動用科技工程計畫與管理策略因應氣候變遷帶來的衝擊，譬如發展高效率冷氣或暖氣系統、建造海堤，或遷移社區居民，然仍有其物理上的極限。圖 4-2-7 的漫畫就說明了調適恐怕來不及了：在燃燒的場景中，一位穿著防護服的人在閱讀標題為「在燃燒的星球上調適的新方法」的報紙，感嘆終於有好消息了！但旁邊的人告訴他：「希望報紙燃盡之前你就可以讀完」[8]。

以上討論的屬於物理現象造成的「硬性限制」（hard limit），也就是人類作為的極限。以結果論，調適的過程還有「軟性限制」（soft limit），意指我們是否能夠盡力讓調適作為付諸實踐 [9]。譬如前述的海堤可能因為缺乏資金、工程技術不足，甚至貪污腐敗而無法建成運作，或甚至可以遭受到氣候變遷知識缺乏的民眾、民意代表或政治決策者的反對。在真實世界中，海堤建造地點的居民很可能是政治經濟弱勢群體，因而不是決策者在意的對象。這些限制需要透過綜合治理、完善政策、財務規劃、工程技術與教育傳播解開。

圖 4-2-7　一則諷刺人類調適氣候變遷的時間不夠的漫畫
資料來源：[8]

　　在前章節我們討論過國際氣候融資缺乏的窘境，2016 年生效的
《巴黎協定》雖然規範已開發國家每年提供 1,000 億美元，但始
終未曾兌現。據經濟合作暨發展組織（OECD）2021 年報告，以
2019 年為例，發達國家為開發中家籌集的氣候資金總額為 796 億
美元，其中用於氣候調適的僅有 201 億美元 [10]。為此，2021 年
COP26 通過《格拉斯哥氣候協議》（Glasgow Climate Pact）承諾
在 2025 年前要把用於氣候適應的資金增加至 2019 年水準的一倍，
至少達 400 億美元 [11]，但真實情況仍待觀察。這就是一個典型的
國際尺度的調適軟性限制，出資金的已開發國家面對的「明顯而立
即」的氣候風險遠遠低於接受資助的開發中國家，自然立場與考量
不同。

不要讓調適變成「不當調適」

在我們每個人的生活經驗中，多少都經歷或目睹過「幫倒忙」、「越幫越忙」這類的狀況。若缺乏妥善的規劃與細緻的執行，試圖提供幫助有可能讓結果更糟糕，且若這錯誤隨著氣候衝擊而擴大，這樣的調適作為本身就會成為另一個災難！2014年，IPCC將「不當調適」（maladaptation）定義為「現在或將來可能導致不利氣候相關結果風險的增加，造成氣候變遷的脆弱性增加或福祉減少的行為」[12]。這並非意謂調適作為無效，而是產生了反效果。

不當調適的一種典型的形式是將問題轉移，通常是空間或領域的轉移。譬如，在城市中居住的人打開冷氣降溫，耗費高碳排係數的電力，產生更多碳排放，後果由開發中國家或海島住在沿海低窪處的居民承擔；許多南太平洋島國為減少海岸侵蝕增加海堤，最終加劇了洪水[13]；為保障人口稠密的地區用水從遠處引入外來水源，卻最終影響水源地的生態環境，譬如美國越域引用科羅拉多河水源供應大洛杉磯都會區用水。這些不穩定、無法再生、不永續的調適方案並不能真正提升我們的福祉。

掌握與維護更好的調適條件

過去的已經過去，我們永遠只能在「當下」決定要如何因應困局。至少目前人類社會已經深刻體悟到「氣候緊急狀態」的威脅，並且定調以2050年達到全球淨零排放為目標。

相較於10年或20年前，科學共識、政治決心、資本市場都更能夠支持我們規劃與執行任何減緩或調適作為。然而，我們需要隨時自我檢視與反思，科學共識是否遭受一些利益團體的刻意破壞、政治決心是否淪為口號而無法落實、資本市場扭曲調適資金需求的狀

況是否持續？國際、國家、地方、社區各層次的調適工作都需要有效，且是正面的效果，才能累積加成為全球的整體績效。

4-2-3 成為氣候行動者

氣候支撐著人類文明和地球上的生活，從環境、經濟、教育、到文化、體育的一切事物都正在受到氣候變遷的影響。2022 年四大會計師事務所之一的德勤（Deloitte）發行《轉折點》（Turning Point）報告中，根據對 23 個國家的超過 23,000 位受訪者的調查，發現超過一半的人最近親身經歷過與氣候相關的極端天氣事件[1]。這一全球問題真真切切地衝擊世界各地的個人，他們的生活、感受和行為。

氣候變遷與個人生存

這種感受與經歷包括生理與心理二個層面。最直觀的生理感受可以使用「舒適度」來代表，而近年更多氣候科學家使用同時考慮溫度與濕度的「酷熱指數」（heat index）作為衡量標準[2]。譬如，若濕度達到 85%，氣溫 33°C 帶給人體的感受幾乎是 50°C。濕與熱的組合阻止人體排汗降溫，更容易造成中暑等嚴重後果[3]。

心理感受同樣不可忽視，氣候變遷對於年輕世代的心理衝擊尤為明顯。一項針對 10 個國家，超過 1 萬名 16 至 25 歲青年的調查發現，氣候變遷正在給全世界的年輕世代人帶來痛苦、憤怒和其他負面情緒（如圖 4-2-8）[4]。這種「生態焦慮」（eco-anxiety）對受訪者的日常生活產生了負面影響，背後是他們理解到問題的嚴重性和緊迫性以及對現實的失望。對關心未來和自身前途的年輕人來說，氣候變遷成為他們心理健康問題的一個來源。就大眾而言，氣候變遷也會帶來不同程度的心理壓力，演變成社會現象。

「激進的氣候行動」需成為生活新常態

根據樂施會（Oxfam）的研究顯示，個人的碳排放與收入成正比。世界上最富裕的 10% 的人口（年收入高於 3.8 萬美元，約 95,000 新臺幣／月）貢獻了 49% 的排放，中間的 40% 貢獻了 41% 的排放，最貧窮的 50% 的人口僅貢獻了 10% 的排放 [5]（如圖 4-2-9）。若依照臺灣的人均所得與碳排放來看，生活在臺灣這個高度依賴進口化石燃料且享受便利現代生活的地方，大多數人已經成為高排放（加害程度高）和低脆弱度（受害程度低）的「氣候特權」（climate privilege）階層。

瑞典隆德大學的氣候科學家金伯利・尼古拉斯（Kimberly Nicholas）在她的著作《在我們創造的天空下，如何在暖化的世界中成為人類》（Under the Sky We Make: How to be a Human in a Warming World）中呼籲每個普通人成為更加「激進」的氣候行動者 [6]，「激進」指的是意識到自己擁有「氣候特權」的事實，並承擔相應的責任。這種覺醒或心理上的調適，讓自己在各種生活細節上採取「氣候優先」的選擇，並且體現在食衣住行育樂上的每一個細節，甚至為了公眾的氣候福祉而犧牲個人的短期快樂。

於是，各種關於降低個人碳排放的倡議與實踐指南多年來可以在不同的媒體上看到，讓人們可以藉以決定自己可以是否「激進」一點之外，也具有教育的功能。譬如，圖 4-2-10 列出一項綜合超過 7,000 個研究報告的結果，提出了 10 項可夠降低碳足跡的最佳作法，並且標出這樣一年可以降低多少碳排放 [7]。然而，我們仍須注意在前章提到的「認知失調」的可能，也就是因為覺得自己做了一些根據某些特定指標可降低碳排放的事情，就不再控制自己其他方

340　　第 4 章　人類積極求生：具備風險管理思維的韌性調適

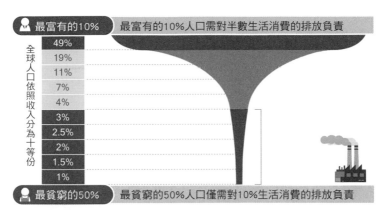

圖 4-2-9　世界人口的收入百分位數與碳排放占比
資料來源：[5]

氣候焦慮
一份針對一萬人的調查顯示對氣候變遷的負面情緒能導致心理上的悲傷

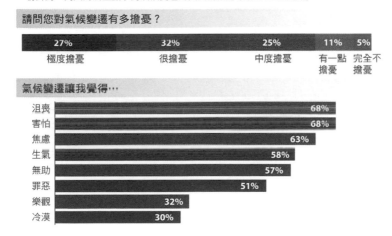

圖 4-2-8　氣候變遷對年輕群體造成的負面情緒
資料來源：[10]

降低您的碳足跡的最優先選項
每人平均每年可以減少的公噸二氧化碳當量

 不要擁有車輛
2.04

房屋重新裝修
0.895

 使用純電動車
1.95

 素食
0.8

 一年少一次長途飛行
1.68

 使用熱泵
0.795

 使用再生能源
1.6

 改善烹調設備
0.65

 使用公共運輸
0.98

 使用再生能源暖氣
0.64

圖 4-2-10　各種可以降低個人碳足跡的方法與降低幅度
資料來源：[7]

面的行為，結果可以造成更多碳排放。事實上，全球碳排放的降低
需要基於系統性的改變，而非個人的單一舉動。譬如，我們從小被
教導的「隨手關燈」固然是一種美德，但真正降低碳排放的關鍵是
選擇更多元、低碳的發電組合，讓電網的電力碳排放係數下降。

為個人和家庭建立氣候韌性

　　事實上，將氣候變遷調適策略落實在個人與家庭層面是最務實的
作為，尤其面對未來幾乎可以斷定必然越來越嚴重的氣候變遷，培
養自己與家庭的韌性非常關鍵。一項研究指出，有 8 種個人或家庭
行為可以調適氣候變遷，包含「公民參與」、「改變生活方式」、
「消費」、「家庭保護」、「自我保護」、「心理調適」、「學
習」、「遷移」等 [8]。譬如「公民參與」即包含民眾政策支持與加

入社區志工組織，像是參與、組成社區防災隊，定期監督社區的排水疏通、防洪設施和易崩塌地區，宣傳防災知識等 [9]。

「自我保護」是非常根本的作為，基於應對可能發生的氣候災難，譬如極端高溫、暴雨或缺水等，與衍生的維生基礎設施的癱瘓，家中應儲存防災應變包，內含乾淨的飲用水、照明燈、即用糧食、藥品、降溫用品、指南針等。多年以來，我國從小學開始便強化防災教育，中小學也更認真地實施防災演習，對於氣候變遷調適而言具有實質的效果。

「心理調適」在個人與家庭面尤其重要。IPCC 在 2022 年 2 月份出版的 AR6《氣候變遷衝擊、調適與脆弱度》報告中，首次強調與氣候變遷相關的心理健康問題上 [10]。

經歷氣候災害等受災民眾可能會在事件經歷不同程度的「創傷後症候群」（PTSD），例如，美國德州休士頓沿海地區民眾連續在 2017 年、2019 年和 2021 年遭遇風暴襲擊與嚴重淹水，造成一些居民看到下雨就產生嚴重的恐懼 [11]；經歷過大地震的人，也往往在後來一段時間常覺得房子在震動，並且一有動靜就想奪門而出。若出現了類似狀況，家人或親友之間應設法相互扶持，並且就焦慮、憂鬱或 PTSD 尋找醫療協助，設法回復心理健康。

建構社會韌性：氣候變遷傳播與教育

人類願意努力因應氣候變遷，無論是減緩或調適的決心，與其個人對於氣候變遷的理解相關。在媒體發達的現代社會中，人們每天接觸各類訊息，其中氣候變遷相關訊息的質與量就相當關鍵。一項調查觀察了從 2004 年到 2023 年的與氣候變遷相關的媒體報導在世界各國 120 多家主流媒體的出現篇數 [12] 與變化，發現相關報導在重要會議時引發媒體較多的關注與報導。圖 4-2-11 顯示，2021

年格拉斯哥氣候會議 COP26 受到全球矚目，且前一年（2020）因疫情而停開氣候會議，使得 2021 年氣候變遷的媒體關注度比 2020 年增加了 55%，且為 2016 年、2017 年和 2018 年的兩倍多。2022 年的 COP27 也受到不少的關注，僅較 COP26 少一點。在這 20 年間，以 2009 年哥本哈根會議 COP15 最高，也反映出當時世界各國對該會議的高度期待。

雖然在自媒體時代，個人也可以傳播氣候變遷的議題，但媒體較具專業素養與長期追蹤、深度報導的能力，IPCC 與美國政府即表示：「氣候變遷的問題變得越來越急迫，地球正走在快速毀滅的路途中，媒體必須高度重視對相關議題的報導」[13]。各種型式的氣候變遷傳播，也是社會建構韌性的調適路徑。

在學校中的氣候變遷教育是培養下一代氣候變遷素養的必要工作。傳統上拯救北極熊或企鵝是喚起兒童對於氣候變遷的關切的媒介，在諸多論述中，氣候變遷常被歸類為環境問題，然而這也容易讓對環境議題關切度較低者忽視氣候變遷的重要性。

前述的 2009 年哥本哈根會議（COP15）經歷了徹底的失敗，並未簽署任何各界預期的公約。因此，聯合國教科文組織（UNESCO）於 2010 年結合氣候變遷教育（climate change education, CCE）和永續發展教育（education for sustainable development, ESD），提出永續發展教育為框架的氣候變遷教育 (climate change education for ustainabledevelopment, CCESD) 作為正在推動的聯合國永續發展教育 10 年（Decade of Education for Sustainable Development, DESD）計畫後 5 年的主軸 [14]。

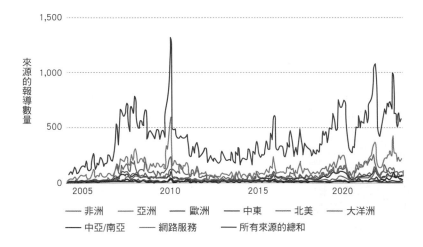

圖 4-2-11　2004 ～ 2021 氣候變遷 / 全球暖化相關新聞的媒體報導數量
資料來源：[12]

　　聯合國強調，無論從氣候變遷發生的原因、造成的衝擊，與解決的方案來看，氣候變遷都涵蓋了經濟、社會、環境，應從永續發展的角度實施整全（holistic）的教育。圖 4-2-12 （a）為 2011 年 UNESCO 發行的 CCESD 報告書的封面，而（b）則說明在中小學的氣候變遷教育應從體會與瞭解開始，導向實際的投入與行動，整體的交集即為 CCESD 的實踐[15]。

　　當然，建立價值觀的教育機會不僅存在於學校，也發生在家庭中。聯合國認為，教育是應對氣候變遷的關鍵因素，且家庭的引導和學校系統的正規教育缺一不可[16]。澳洲心理學會（Australian Psychological Society, APS）出版了《給父母的氣候危機指南》（A Guide for Parents about the Climate Crisis），認為引導子女接近與關心大自然與生態中的動植物對於建立氣候覺知有幫助，也建議父母可以與子女交換關於氣候變遷的意見[17]。

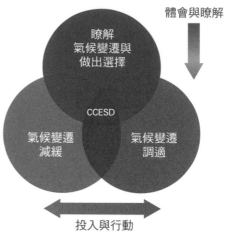

圖 4-2-12　（a) UNESCO 發行的 CCESD 報告書；
　　　　　　（b) 氣候變遷教育的歷程

資料來源：（a）：[14]；（b）：改繪自 [15]

　　各國在正規教育有許多相關氣候變遷教育的政策作為，譬如
英國、澳洲、新加坡等。同時，也有許多民間團體，提供許多
支援 K-12（幼兒園到高中）學習階段的資源。譬如，加拿大永
續和教育政策網路（Sustainability and Education Policy Network,
SEPN）發布的《應對氣候變遷，K12 教育入門知識》（Report:
Responding to Climate Change: A Primer for K-12 Education）[18]，
美國 K12 氣候行動（K12 Climate Action）發布《K12 氣候行動計
畫》（K12 Climate Action Plan）[19] 和國際教師聯合會教育國際
（Education International）發布的《教育：對抗氣候變遷的有力工
具》（Education, A Powerful Tool for Combatting Climate Change）[20]
的等等。

我國的氣候變遷教育已經推動多年，且傳統上在各級學校的環境教育體系中發展。2012 年行政院經建會發布「國家氣候變遷調適政策綱領」，規範各級學校應推動氣候變遷調適教育，後逐步發展為推動整體的氣候變遷教育，在大學與中小學分別推動。在九年一貫課程綱要與 12 年國民教育課程綱要的架構中，氣候變遷均為環境教育「議題」下的一個子題，在屬於考科的「領域」中角色相當邊緣化。教師學生與家長都瞭解氣候變遷教育重要，但真正能夠投入的資源與時間則相當有限，2023 年《氣候變遷因應法》通過，其中第 42 條重新定調氣候變遷教育，賦予其主體性，敘明「於各級學校推動以永續發展為導向之氣候變遷教育，培育師資，研發與編製教材，培育未來因應氣候變遷之跨領域人才」，與聯合國主張的 CCESD 接軌。

　　以社會發展的角度來看，氣候變遷教育的重要性不亞於其他政策與工程手段，是一種軟性的基礎建設，提供「韌性調適」的基礎。在氣候緊急狀態之下，這是最必要的投資，需要政府、企業與民間給予更多的關注，提供更多的資源。

各界人士對地球 2.0 淨零革命的回饋

謝進賢：臻鼎教育
基金長期支持環境
教育活動

童子賢：歐盟開徵
邊境碳稅後，企業
將面臨碳稅壓力

程淑芬：從永續到
氣候行動，延伸到
生物多樣性

葛望平：氣候變遷
造成的影響，消失
的可能是一個國家

伍佩鈴：政府提供
給企業的相關課程
非常多，但仍知易
行難

黃世忠：金融業結
合公民行動，由消
費端促使企業採取
減碳

陳映伶：用行動表
達淨零革命

邱祈榮：落實生物
多樣性，達成與自
然和諧共生

許乃文：地球淨零，
永不嫌遲、更不嫌
少

王雅玢：世界各國
紛紛向台灣學習環
境教育、淨零教育

彭光偉：北極圈正
在面臨氣候變遷！

地球 2.0 淨零革命
氣候緊急時代的永續之路：綠色經濟・韌性調適

作　　者：葉欣誠
特約編輯：黃信瑜
封面設計：盧穎作
美術設計：洪祥閔
內頁插畫：蔡靜玫

社　　長：洪美華
總 編 輯：莊佩璇
責任編輯：何　喬
出　　版：幸福綠光股份有限公司
地　　址：台北市杭州南路一段 63 號 9 樓之 1
電　　話：(02)23925338
傳　　真：(02)23925380
網　　址：www.thirdnature.com.tw
E - m a i l：reader@thirdnature.com.tw
印　　製：中原造像股份有限公司
初　　版：2023 年 10 月
初版 3 刷　2024 年 2 月
郵撥帳號：50130123 幸福綠光股份有限公司
定　　價：新臺幣 450 元（平裝）

照 片 提 供：AP Photo/Markus Schreiber、AP Photo/Alastair Grant
中央通訊社、典匠資訊股份有限公司、歐新社／達志影像
臺灣環境資訊協會、歐萊德國際股份有限公司、臺灣氣候聯盟

贊　　助：🅕🅐 財團法人臻鼎教育基金會

國家圖書館出版品預行編目資料

地球 2.0 淨零革命：氣候緊急時
代的永續之路：綠色經濟・韌性
調適／葉欣誠著 -- 初版 . -- 臺北
市：幸福綠光，2023.10
面；　公分

ISBN　978-626-7254-30-1(平裝)

1. 永續發展　2. 氣候變遷
3. 環境保護　4. 地球暖化

445.99　　　　　　　112015228

ISBN　978-626-7254-30-1

總經銷：聯合發行股份有限公司
新北市新店區寶橋路 235 巷 6 弄 6 號 2 樓
電話：(02)29178022 傳真：(02)29156275